家风

百年望族的传承智慧

康华兰 著

南方传媒 广东经济出版社

·广州·

图书在版编目（CIP）数据

家风：百年望族的传承智慧 / 康华兰著. —广州：广东经济出版社，2025.1.（2025.6 重印）
ISBN 978-7-5454-9444-0

I. B823.1

中国国家版本馆 CIP 数据核字第 2024EU6381 号

责任编辑：易　伦
责任校对：汪宗跃
责任技编：陆俊帆
封面设计：回归线视觉传达

家风：百年望族的传承智慧
JIAFENG：BAINIAN WANGZU DE CHUANCHENG ZHIHUI
出 版 人：刘卫平
出版发行：广东经济出版社（广州市水荫路 11 号 11 ～ 12 楼）
印　　刷：广州市豪威彩色印务有限公司（广州市增城区宁西街新和南路 4 号）
开　　本：787mm×1092mm　1/16　　**印　　张**：16.5
版　　次：2025 年 1 月第 1 版　　**印　　次**：2025 年 6 月第 3 次
书　　号：ISBN 978-7-5454-9444-0　　**字　　数**：142 千字
定　　价：68.00 元

发行电话：（020）87393830
如发现印装质量问题，请与本社联系，本社负责调换。

常言道，“富不过三代”，然而康百万家族连续富裕十三代，连续兴盛四百余年，这个家族到底做对了哪些事情？本书将国学里面的家文化智慧和商业知识融入其中，希望给读者以启发，也希望本书所呈现的百年望族传承智慧对您经营家族有所帮助。

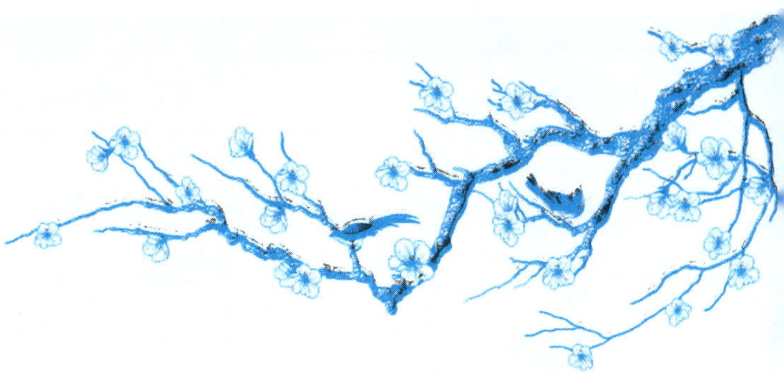

目录 / CONTENTS

壹 学习传统文化，探寻百年望族传承密码

贰 传统文化里的传承智慧

叁 修身让自己内圣外王

肆 新时代的齐家之道智慧

伍 事业篇：为天下苍生谋福利

陆 家风篇：良好的家道家风让家族人才辈出

壹

学习传统文化，探寻百年望族传承密码

一 国学是我们的宝贵财富

每个时代，都会不断涌现出一些属于那个时代的词语。比如“粉丝”“躺平”“微信”“抖音”，我们现在都能听懂，但几百年前有这些词吗？今天我们来大胆地想象一下，二三百年以后，我们这些人都作古了，我们的子孙后代会不会把这些词跟我们的生活画上等号？所以，我们是不是活在这些词语当中？这就告诉我们一个深刻的道理：文明的每一次更替，都能在语言中寻到踪迹。

每个时代都有每个时代的语言特色。正因为如此，我们学习传统文化，一定要懂得与时俱进。假设我们现在学习中华优秀的传统文化，我还在用几千年前的语言方式给大家讲解，大家肯定会听得云里雾里。所以我必须用现在大家都听得懂的语言，跟大家来交流，这样大家才能听明白，才能透彻理解，也才能更好地理解中华传统文化的伟大之处。

比如“元亨利贞”，这是《易经》里面的精华。今天可能很多人听到这四个字不知道是什么意思，但几千年前，老百姓一听就明白。如果用现代的语言翻译，其实就是“春夏秋冬”。这样大家一听就明白了，便会豁然开朗。

“元者，善之长也。”“元”代表的是春天，春天万物复苏，美好的一切由此开始。

“亨者，嘉之会也。”“亨”代表的是夏天，夏天万物茂盛。我们常讲生意亨通、官运亨通，就是美好的东西都汇集到我们这里。客商云集就是“生意亨通”，嘉奖令不断向你飞过来就是“官运亨通”。

“利者，义之和也。”“利”代表的是秋天。左边是禾苗的禾，右边是把刀，就是秋天来了，庄稼成熟了，老百姓要用刀割禾谷了。

“贞者，事之干也。”“贞”代表的是冬天，一个人这辈子能不能干成事，就看这个人贞不贞。贞是个通假字，通“正”。女人讲的是贞操，男人讲的是“正操”，就是看你在不在正道上。秋天收完了粮食，看你冬天懂不懂得留一部分过冬。是今朝有酒今朝醉，花天酒地，胡乱挥霍，还是把秋天的粮食分成两份，一份留着过冬，一份留着做种子。有条理地安排，这就叫“正”，反之就是“不正”。

中国作为世界四大文明古国之一，有数千年的历史，留给世人许多宝贵财富，其中最重要的一笔财富就是国学。一个拥有五千年文明史的国家，拥有系统、完整和高层次的管理思想：道家的无为而治，儒家倡导的仁义、中庸，法家的赏信罚必，兵家的奇正、权变，墨家的尚贤使能，纵横家的合纵连横，等等。这些无疑为当代中国的发展提供了精神动力和智慧源泉。

二 传统文化里的“家文化”

五千年中华文明，源远流长，在国学中有很多精髓之处，这些精髓浸润着社会的各个方面。家文化是中华文明的精髓之一，是中华民族的灵魂。家文化所起到的作用广泛且深远：培养亲情、稳定社会、处理矛盾、教育后代……为中华民族的世代祥和、延绵传承做出了独一无二的卓越贡献。

《朱子治家格言》里有这样一句话：“黎明即起，洒扫庭除。”按一般人的理解，这里面的“除”指的是打扫、清除，其实其真正的意思应该是“台阶”。整句话的意思就是早上起床，要把庭院里的台阶打扫干净。

诸葛亮的《诫子书》里有这样一句话：“年与时驰，意与日去，遂成枯落，多不接世，悲守穷庐，将复何及!”“年与时驰”，是指我们的年龄随着时光流逝，人一转眼就变老了。“意与日去”里的“意”，是指我们年轻时怀抱的那些远大理想；“日去”就是随着年龄的增加，当年觉得自己能把天捅一个洞的那种激情、那些万丈豪情日渐消退，变得越来越不自信了。年轻的时候谁也不服，总觉得自己天下第一，到了四五十岁以后，结果发现远大的梦想不是仅有理想就能实现的。我有时候就明显地感觉到，年轻时我的很多远大理想，现在只能作为谈资，讲出来甚至都觉得可笑。这就告诉我们，一定要趁着年轻的时候加倍努力。我孩子过生日的时候，我对他说了这样两句话：“少年辛苦终身事，莫向光阴惰寸功。”意思是年轻的时候辛苦一点，将会影响你一辈子。千万不要把时光荒废了，一寸光阴一寸金啊。如果现在年纪轻轻就躺平，这一辈子也就完蛋了。生命不息，奋斗不止，你怎么能老想着躺平呢？

《诫子书》里的最后一段是很悲凉的：“悲守穷庐，将复何及!”年轻时指点江山，激扬文字；而如今，在疆场上骑着马征服天下的雄心壮志没有了，只能悲凉地守着这个“穷庐”。“将复何及”，意思是：我何时才能像年轻时一样，踏遍青山人未老啊！可惜，现在已经没有机会了。

我讲这一段，就是想告诉大家，我们不要荒废光阴，人只要活着，就应该为梦想而努力，不要动不动就想躺平。人生就那么三万多天，你浪费了，就要等到下辈子了。“此生不向今生度，更待何生度此生。”我还是建议大家，年轻时想办法好好地去奋斗一把，不要想着还有明天、后天。“明日复明日，明日何其多？”结果到最后万事成蹉跎，什么事都干不成。

我看到现在很多年轻人两只眼睛无光，不知道他们活着的价值在哪里，为什么没有当年那种“恰同学少年，风华正茂；书生意气，挥斥方遒”的感觉？如果都像这个样子，我们这个民族的希望在哪里？自己家族的未来在哪里？

衡量一个家族有没有希望，要看这个家族有没有欢声笑语，因为“家和万事兴”。如果这个家族里面的人，谁看谁都不顺眼，家里再有钱，也是大势已去，没希望了。你别看有些人住在五星级的高档小区里，但没有欢声笑语，那个家就不叫家，而叫“五星级地狱”，可谓生不如死。相反，有些人租一个几十平方米的房子，但家人其乐融融。

《颜氏家训》里有一句“生不可不惜，不可苟惜”。“生不可不惜”的意思是生命很可贵，不可不珍惜，不要动不动就要自杀。身体发肤受之父母，你怎么敢毁伤啊？“不可苟惜”的意思是虽然生命可贵，但不能毫无原则地苟且偷生。如果丧失道德、出卖国家，那你活着有啥意义？还不如死了。生命固然宝贵，但如果需要我为国捐躯、舍生取义，就应该义不容辞，而不是苟且偷生。

再比如“家文化”，同样是“家”，以前的“家”和今天我们所讲的“家”就有着本质的区别。假设很早以前，有一个男人叫张三，有一个女人叫李四，两人结婚后生了三个孩子。这三个孩子长大结婚之后，平均每人又生了三个孩子。而现在有个男人还是叫张三，有一个女人叫李四，两人结婚后只生了一个独生子A；另一个男人叫王五，另一个女人叫谢六，他们两人结婚后生了一个独生女B。A和B两个人是大学同学，谈恋爱并结婚了，只生了一个小孩叫C。那么，很早以前的那个张三、李四三代同堂的时候，整个家族里面，张三和李四是焦点；而现代的张三、李四三代同堂的时候，在整个家族里面，那个小家伙C才是焦点（如图1）。

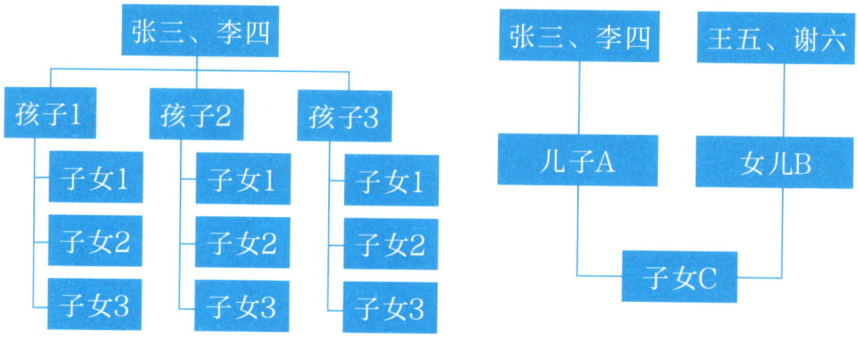

图1 以前的“家”与现在的“家”对比

过去三四十年，企业招来的员工，多半家里有好几个兄弟姐妹；而现在，大多数员工都是独生子女。员工都是这种家庭背景，那我们还能用管理之前那些员工的方法来管理现在的这些人吗？肯定是不行的，因为这两类员工已经不是一类人群了，他们的想法完全不一样。过去那些人，家里兄弟姐妹很多，可能会缺少爱、缺少关心，老板只要对他好一点，他就会感恩戴德。而现在这些员工，一出生就有六个人把他当宝贝，爸爸、妈妈、爷爷、奶奶、外公、外婆六个大人伺候一个小孩，这是标配。

过去那些人，你这个老板跟他们讲："好好干，干不好，买不起房。"他们就会自觉地努力。现在这些人，你这个老板同样跟他们讲："好好干，干不好，买不起房啊。"有人会挠挠脑袋，对你说："老板，你别瞎讲，我们家现在至少三套房子，我爸爸妈妈一套，爷爷奶奶一套，外公外婆还有一套。"如果你碰到一个员工说："老板，我家房子比你还多，没有奔头。"你会有什么想法？

过去很少人出国，你对员工说："好好干，下个月我们去国外旅游一下。"他便会觉得很有奔头。现在这些员工可能从小就周游世界，你还是跟他说："好好干，下个月我们到国外旅游一下。"他会说："哎呀，老板，我们打算去哪儿？"你说："去马尔代夫。"他直接就说："老板，那个地方，我小时候就去过了，没感觉。"

作为老板、领导，你必须把底下的员工怎么想的搞得明明白白。你不研究他们，你还怎么去领导他们？他们不领导你就不错了。未来你还想打造百年望族？纯属做梦。

康百万庄园住宅区里面，有一幅代表性的楹联："志欲光前惟是读书教子，心存裕后莫如勤俭持家。"如果你背起来比较费劲，那你只要记下"读书教子，勤俭持家"这八个字就好了，这是康家能成为百年望族的精华。“光前”，指的是增光前代；“裕后”，指的是造福后人。此联的大意为：想为祖宗争光，必须教子读书；想要造福后代，最好的办法是勤俭持家。

三 我们该怎样学习传统文化

人生要读两本书：一本是有字的书，一本是无字天书。这本无字天书的内容就是人情世故。《红楼梦》里有两句话非常经典：“世事洞明皆学问，人情练达即文章。”有些人虽然不是坏人，但是却经常伤害别人。有可能他完全没有用心将一句话讲出去，导致说者无意，听者有心，一下子就让别人的心拔凉拔凉的。所以我们一定要学会深入浅出地交流，尽量站在对方的角度考虑问题。懂得人情世故，也是成为百年望族的重要因素之一。

我们学习传统文化，必须先搞懂几个关键的问题。

问题一：别的国家有没有国学？

要回答这个问题，就必须搞明白什么叫国学。古希腊伟大的哲学家苏格拉底有一句经典的名言：“世界上最困难的事情，就是下定义。”比如我们是人，那你现在告诉我，什么是人？我们都希望成功，你告诉我什么叫成功？我们都害怕失败，你告诉我什么叫失败？所以，下定义是这个世界上最困难的事情之一。

那什么是国学呢？在中国近现代史上，有一位国学大师叫章太炎，也叫章炳麟，鲁迅就是他的学生。章太炎专门给国学下了一个定义：“国学，一国所固有之学术也。”翻译成今天老百姓听得懂的话就是：这个国家相对固定的、约定俗成的、传统的东西，就是这个国家的国学。如果按照这个定义，那日本、德国、英国、法国等这些国家，有没有自己相对固定的、约定俗成的东西？肯定是有的，别人也有很多自己的传统和国粹。比如日本的很多文化，虽然是从中国传播过去的，但是在当地保留下来了。比如我们的汉服他们就保留下来了，经过他们的不断改造，成了今天的“和服”。既然如此，那么每一个国家都有自己的国学。

所以我们脑海里面一定要有一个概念，不要听到“国学”两个字，就认为只有中国才有。更可悲的是，我们现在很多人一听到“国学”两个字，就认为是孔孟之学。孔孟之学能代表国学吗？他们只能代表儒家，我们的国学还有道家、法家、兵家、阴阳家、纵横家呢。如果你还认为国学就是《论语》，国学就等于孔老夫子，那么你的认知就太肤浅了。

问题二：中国的国学应该称为什么？

我们必须给中国的国学取一个名字，让它跟别的国家的国学区分开来，否则，我们学国学就失去了意义。区分开来，这叫名正言顺。那么，中国的国学应该叫什么比较好呢？

在中国当代国学界，有“北季南饶”之说。“季”指的是季羡林老先生，他是山东人，曾任北京大学副校长，是北京大学终身教授，也是有名的梵文专家、翻译家、教育家、社会活动家、诗人；“饶”指的是饶宗颐先生，他于 1917 年出生于广东潮州，2018 年在香港去世，享年 101 岁，是甲骨文专家、军事学家、篆刻家、书法家、书画家、社会活动家、教育家。

在中国有一个神秘的社团，叫西泠印社，社址就在浙江杭州西湖的旁边，2023 年 11 月还召开了建社 120 周年纪念活动。这个社团很神秘，如果一个人能够当选为西泠印社的社长，那就是这个人莫大的荣耀。这个社团有一条不成文的规定：谁当选为社长，他就必须一直干到去世。

西泠印社的第一任社长是吴昌硕，第二任社长是马衡，第三任社长是张宗祥，第四任社长是沙孟海，第五任社长是赵朴初，第六任社长是启功，第七任社长是饶宗颐。

杭州灵隐寺“大雄宝殿”那四个大字，就是沙孟海先生题写的，他被誉为中国近代榜书第一人。他之后的下一任社长赵朴初是中国佛教协会原会长，是安徽安庆太湖人，全中国很多寺庙的大门及其大雄宝殿上的匾额，都是他题写的。再下一任社长启功先生是北京师范大学的博士生导师，书法家、教育家。至目前为止，最后一任社长是饶宗颐先生，现在的西泠印社只有荣誉社长、执行社长和理事，因为自饶宗颐先生在 2018 年辞世后，西泠印社的社长之位一直空缺。仔细数来，在吴昌硕先生上任以前，社长之位就空缺了九年，在其他社长任后，也有较长时间的空缺。为什么社长空缺？因为目前还没有那么牛的人能堪当此大任。所以西方人有句话说："中国西泠印社的社长如果空缺的话，这个时代是值得深思的。"这证明大家都只顾着挣钱去了，没有再出现那样的大师了。

2023年中国有一个很火的城市——淄博。淄博（当时称为临淄）在春秋战国时期是齐国的都城，当时的齐国的宰相管仲被誉为春秋第一宰相。管仲把齐国治理得很好，所以淄博上一次这么火的时候，还是管仲做齐国宰相的时候。管仲有三句话非常经典，他说："一年之计莫如树谷，十年之计莫如树木，终身之计莫如树人。"意思就是：一个人如果按照一年来做规划的话，莫过于种五谷杂粮，春天播种，夏天浇水施肥，秋天就有收获——只要几个月，就可以看到结果了；如果按照十年来做规划，莫过于栽树苗，十年就能变成一片森林；如果按照一辈子来做规划，莫过于培养人才。

盖一所寺庙很容易，但是培养出一个像虚云长老这样的得道高僧很难；盖一所大学很容易，但是培养出一个像蔡元培这样的大学校长很难；盖一个工业园区很容易，但是培养出一个像任正非这样的企业家很难；盖一栋别墅很容易，但是把住在别墅里的孩子培养成一个清华、北大的高材生很难。所以我们要把培养人才放在首位，要把教育孩子这件事情上升到国家战略的高度，上升为家庭、家族的头等大事。

如果一个人把子女教育好了，即便用了一辈子的时间，即便他这辈子也没有挣到钱，但他的子女很可能在很短的时间里就能挣到父辈几辈子都挣不到的财富。如果你自己辛辛苦苦挣了很多钱，但是你把子女教育这件事情搞砸了，也许你的子女几年就把你的所有资产都败光了，那么你再大的成就，也会化为泡影。

有个学员朋友听了我的课之后，对我说："康老师，我对孩子的教育很失败，要不我亡羊补牢，回去跟老婆商量再生一个?"我说："你再生一个，可能还是教育不好，咋办?所以现在这个孩子不能放弃，还是要继续好好教育。"

四 写好中国字，做好中国人

当年我老师告诉我，不管是做学问还是做人，有四种境界，分别是浅入深出、浅入浅出、深入深出、深入浅出。

第一层境界，浅入深出。

以我看一本书为例，比较差的状况是我没花多少心思去读，弄了个一知半解，这叫浅入。但是我想在别人面前表现得很牛，装作自己很厉害，让别人认为我很了不起，到任何地方都把自己扮成高深莫测的样子。自己没搞明白，还装得很高深，这就是最低层次的浅入深出。

第二层境界，浅入浅出。

我自己没有搞明白，我也不装，我是什么水平，就跟别人表现出怎样的水平，很坦然。我是初中生，表现出来的就是初中生水平；我是个农民，表现出来的就是农民的状态，这就叫浅入浅出。

第三层境界，深入深出。

我已经把书读得滚瓜烂熟，甚至把书中的理论运用得炉火纯青了，有了自己的创造性吸收了，但是我跟别人表达的时候，只有和我一样把它搞明白的人才能听得懂，也就是只能专家对专家，这就叫深入深出。

第四层境界，深入浅出。

真正厉害的人，就是自己已经滚瓜烂熟、炉火纯青了，不管面对的是什么人，他都能以对方最适合接受的方式，与之沟通、输出，让每一个跟他打交道的人都能听懂他讲的内容。这样的人，才是真正的高人。这叫深入浅出。

学习传统文化一定要记住，每个字之间都有细微的区别。今天很多人学传统文化，越学越觉得自己很迷茫，那是因为文字功底太差了。我建议大家一定要“写好中国字，做好中国人”。

关于仓颉造字，《淮南子·本经训》中有这样的记载：“昔者仓颉作书，而天雨粟，鬼夜哭。”意思就是仓颉创造出文字的时候，突然之间天上下起粟米雨，鬼神被惊得夜夜啼哭。老天爷发现，人类有了文字，这个宇宙便不再有秘密了。我们都知道中国的文字很神奇，但直至今天，仍然有很多人不懂中国汉字的魅力。特别是现在很多人玩手机、电脑，多半都是拼音输入，里面没有完整的一点一横、一撇一捺，这就造成很多人对汉字的理解很肤浅。而且现在还出现一个问题，就是我们每打一个字，下面由此组成的一串词组都出来了。这就使得很多人只认字、不识字。如果不去写，永远体会不到汉字的美妙。

比如“窮”这个字，读 qióng，是穷的繁体字，上面是穴字头，代表的是房子。在中国古代，北方人住的是窑洞，就是从土墙上挖一个洞，作为房子住在里面，我们也称之为洞穴，所以才会有山顶洞人。下面的左边，是身体的“身”字，右边是个弓箭，意思就是那个洞穴很小，因为没有物力、财力，挖不起大的。表达的是没钱抬不起头，只能弯着腰的那个状态，这叫贫穷。我们在纸上写下这个字，那个“穷”的场景就出来了。

再比如“是”字，上面是日，下面其实是个“正”字，日正为“是”。我们穿越到远古时期，假设甲是织布的，乙是种田的，丙是打铁的。中国古代最早是物物交换，织布的和打铁的要吃饭，但自己又不是种田的，就去找种田的交换粮食；种田的要干农活，需要铁锄头，就要找打铁的交换，需要穿衣服，就要找织布的换取布料。所以在货币没有发明之前，织布的拿着自己织的布，打铁的拿着自己打出来的锄头，种田的拿着自己生产出来的粮食，都来到一个固定的地方做交易。我小时候，也经历过这种类似于物物交换的年代。物物交换在晴天进行比较好，在雨天就很不方便，因为晴天有太阳，太阳出来了，万物就有了影子。有一个时间点，影子和实物是重叠在一起的，这个时间点就是中午 12 点，太阳在正当头的时候。中午 12 点钟就是日正，这个时候影子最短，看什么就是什么，便称为“日正”。这就是传统文化的魅力。你不去写字，你又怎能理解老祖宗造字的含义呢？

我们中国人走到世界上任何一个地方，都被称为“华人”。哪怕你入了美国籍，你还是被称为“美籍华人”。所以有人专门给中国的国学取了个名字，叫“华学”。

中华的“华”字，繁体字是“華”。这个字其实是个通假字，通开花的“花”，但它们有着细微的差别。同样是植物，同样开花，像桃树、李树、苹果树等这些树木开花结的果实，我们都能吃；但是有些小灌木开了花，结的果实很小，我们不能吃，也不会去关注它。所以一般来讲，那些长得高高的树木开的花，就叫“华”；那些小草或灌木开的花，一般叫“花”。树长得高高的，开花后能结出累累硕果，我们就用“春华秋实”来形容，意味着开的花能够结出硕果，这时就不能用“花”，只能用“华”了。

“华”的繁体字“華”是由十个十组成的，表示圆满的意思。圆满即善终，善终就是“好死”。人的一生都在拼搏与努力，为了什么呢？学过传统文化的人，知道标准答案就四个字——求得好死。所以，中国人骂人，经常说的一句话就是“不得好死”。

五 祖上积德，后代享福

从现在开始，如果你要判断一件事情应不应该干、应该怎么干，你不要去问老师，不要去问专家，也不要去问学者，只要问问自己的内心，你就能找到自己想要的答案——你无愧于心就好。先问问自己的良心，这件事情我去干了，会让我得好死吗？不得好死的事，不要干。因为“天日昭昭”，翻译过来，就是老天有双眼睛，叫天眼，每天 24 小时 360 度无死角巡察，看谁是善良的，谁是邪恶的。

老子在《道德经》第七十九章中提到“天道无亲，常与善人”，意思是说，老天不会偏爱于谁，但是老天会经常跟善良的人做朋友。所以，哪怕社会对你很残忍，哪怕你身边至亲至爱的人背叛了你，我还是强烈地建议你做一个善良的人。很多人说：“善良的人命不好啊。善良的人老是被别人欺负啊。”我劝这些人不要这样想，因为他还没有上升到天道。

有两句话，对大家一定有参考价值："人善人欺天不欺，人恶人怕天不怕。"一个恶霸，别人怕他，但是老天不怕他。老天收拾一个恶霸，那是分分钟的事情。很多人跟我讲："老师啊，我是一个好人，那为什么日子还过得不好呢？我隔壁邻居老王，他干了很多邪恶卑鄙的事情，他的日子过得为什么那么好呢？"我告诉各位，这个因果讲三世，报应不是在当下。

报应分三种：第一种叫速报，快速就能看到结果。比如一个人干了坏事，马上就被抓起来送监狱了，这就是速报。第二种叫身报，就是当你的肉身还没有死之前已经看到了回报。你年少时帮助过别人，做了很多好事，老了得到的回报是儿孙满堂，让你在没有闭眼之前看到了结果，这就叫身报。第三种叫死报，就是你这一辈子干了很多好事，但这辈子没有得到回报，到你的下一代才得到回报，这叫死报。我们身边就有很多这样的人，祖上积德，后代享福。

六 用圣贤智慧导航人生

2021 年，在伟大的中国共产党成立 100 周年之际，中纪委的官方网站上放的就是康家的一个雕塑。几百年前，康家先祖做了一个世界上最大的算盘，镶嵌在贵宾厅对面的一个“财务室”小厅屋檐的门楣上。这个算盘长 9.9 米，由 99 行石制算盘珠子组成，并且上面的珠子都是可以活动的。那么，康家为什么在几百年前要花费那么多的人力、物力，做一个那么大的算盘，还要放在屋檐上？就是要告诫子孙后代，干任何事情，都要做长久打算，不要鼠目寸光。我想问问大家，你做的计划能经得起时间的考验吗？是长久的打算吗？

现在有很多人不生小孩，天天养宠物，这个是长久打算吗？其实有的人养一只宠物花费的精力和财力，丝毫不亚于养一个小孩。2021 年，北京有个学员朋友开了一个连锁宠

图 2　康百万庄园里的算盘雕塑

物医院，在北京有 140 多家分店，他告诉我：“老师，你不知道，养一只宠物挺麻烦的。比如要定期给小狗洗澡，要给小狗剪指甲。北京的天气比较冷，冬天还要给小狗买衣服、鞋子。最近，北京流行给小狗戴眼镜，那个狗眼镜还挺贵的，有的一副要几万元。更麻烦的是，母狗来例假了，还要给它准备卫生巾，比养个小孩还麻烦。”

几千年来，中国人用来树立下一代价值观的导航系统，要么是圣贤，要么就是凭良心。家里面有点钱的，把小孩送去了私塾，私塾先生会用圣贤的观点来给小孩的人生导航；家里面没有钱的，父母会用两个字给孩子的人生导航——良心，告诫孩子干任何事情一定要凭良心。这是中华民族几千年来恪守的优良传统。

然而，今天，改革开放 40 多年来，很多孩子的人生导航系统变成了动物。比如喜羊羊、灰太狼、熊大、熊二、唐老鸭、米老鼠、功夫熊猫……现在的孩子从小都是看着这些东西长大的，所以他们对动物有感情，就是对人没感情。

所以我建议，趁着孩子还小，做家长的一定要用圣贤的智慧给孩子的人生进行导航。比如电视剧《老子传奇》、纪录片《典籍里的中国》，还有一本很了不起的杂志《名人传记》。

哪怕你开的是一辆劳斯莱斯，只要导航错误，照样不能把你带到正确的目的地；相反，即便你开的是一台几万元的车，只要导航正确，它也能把你带到目的地。同样的道理，即便家里再有钱、出身再好，人生的导航系统出了问题，难免会上演悲催的人生剧情；相反，有些人虽然出身贫寒，但是人生的导航系统正确，终究有一天会达到人生的巅峰。

你如果再不反省这个问题，自己都不学圣贤文化，还时不时贬低老子、孔子、孟子、庄子，怎么把教育孩子这件事情上升到人生的战略高度？在历史长河当中，经过数千年的大浪淘沙，老子、庄子、孟子、韩非子、鬼谷子等圣贤及其思想才从诸多人物和思想中脱颖而出，成为璀璨的明珠，成为值得我们珍惜的宝贵财富。你为什么要贬低他们呢？他们能被几千年来的无数人顶礼膜拜，一定是有道理的。一个家庭、每个个体，如果对圣贤没有敬畏之心，我觉得这样的家庭、这样的个体，其命运早已注定——“大势已去”。

七 心存良知，知行合一

干任何一件事情，都要先问问自己的良心：自己的良心安吗？如果是，那就干；如果不是，那就不要干。“良心”，就是我们常说的“良知”。

我们爬泰山，看的主要是人文景观，因为泰山的自然景观跟黄山等其他名山大川相比还是稍逊一筹，但它为什么能称为五岳之首，乃至“五岳独尊”呢？那是因为它的人文景观是世界上独一无二的。泰山上有一块石刻，上书“问心朝山”四字。看到“问心”二字，就要进行自我反思，这后面还能填上哪些词？如“问心结婚”，反思：我们为什么要结婚？“问心教育”，反思一下：对孩子的教育做到位了吗？不问心，天天稀里糊涂地干，又有什么用呢？

现在很多年轻人，爱得死去活来，到生娃的时候，女方说“我是丁克”，你让男方怎么办？所以干任何一件事情，都要先问问自己的良心，自己是否能够心安。

有四个字非常了不起——知行合一。关于知行合一，有两个知识点很重要。

第一，“知”，不能翻译成“知道”，而要翻译成“良知”。

很多人容易陷入一个误区：我心里怎么想的，就去怎么做，其实这就叫“表里如一”，而不是知行合一。比如你心里想着卖地沟油挣钱，于是你就去卖地沟油，这是知行合一吗？这只能叫“表里如一”。如果这也算知行合一，王阳明能成圣贤吗？所以这个“知”，指的是“良知”，不能简简单单翻译成“知道”。

第二，“行”，不能翻译成“做到”，而是“起心动念，即为行”。

假设你吃完晚饭以后，坐在客厅里嗑瓜子，突然想起隔壁邻居老王家里有个宝贝，上次看过之后，觉得挺好的，如果放到自己书房里就好了。这个时候，你就要注意：你已经是个小偷了。你虽然没有真正去偷，但你起了这么一个念头。

再比如，当你希望别人好的时候，别人也许不一定因此变好，但你自己已经变得更好了；当你希望别人倒霉的时候，别人不一定真的倒霉，但你已经倒霉了，因为你的心坏了。

这个世界上有人从来没有干过坏事，但是他一生命运多舛，那就应该反省自己平时的想法，有哪些是好的，哪些是不好的。今天很多人虽然没干坏事，但满脑子想的都是坏事情。看到别人过得比自己好，内心立马产生嫉妒心、傲慢心、嗔恨心、诽谤心，虽然行动上没有去干伤天害理的事，但命运依然会越来越差，因为这样的人，浑身上下都是消极、悲观的能量。

“诸恶莫作，众善奉行，自净其意，是诸佛教。”意思是不造恶因，不结恶缘；广结善缘，多种善因，就能得善报。净化自己的意念，剔除心灵的杂质，心就是干净的、纯洁的。

八 人生低谷中的坚守与反思

“行道有福，能勤有继；居安思危，在约思纯。”这是康家几百年来最具代表性的一副楹联，挂在住宅区的“留余匾”附近。“在约思纯”出自《左传·昭公·昭公二十八年》，意思是：处在有利的地位上想到道义，处在困难之中想到保持纯正。整个楹联的大概意思是：你想有福吗？那你应该反问自己，我的言行举止合乎正道吗？如果没有走在正道上，即便你现在有权、有名、有钱，那都是“谈笑间，樯橹灰飞烟灭”。

“继”可以翻译成传承。“能勤有继”的意思是：如果想把你的福气让子孙后代继续绵绵不绝地享用下去，那你就要让你的子孙后代继续勤俭。你自己很勤俭、很努力，但你的下一代开始躺平，不勤俭、不努力了，这个福气肯定就不能享受下去了。

“居安思危”这个四个字看起来简单，其实是强调了《易经》里面的第 11 卦和第 12 卦。第 11 卦是泰卦，第 12 卦是否卦。从泰到否，只有一步之遥。这就告诉我们，当现在日子过得很安稳的时候，危机就像一只老虎一样趴在那里，随时能把我们吞灭。

一些人赚到一点钱，就认为自己很了不起，认为放在自己账上的钱都是自己的，这种想法其实很危险。还有人觉得把资产转移到国外，就是自己的钱了。我问你：假如你生了一场大病、遇到了一场意外，你觉得这些财富还是你的吗？也许马上跟你什么关系都没有了吧？财富只不过是老天暂时存放在你那里，让你保管而已，“万般带不走，唯有业随身”。所以，我们一定要有危机意识。

“在约”的“约”，是指人生遇到低谷、生活过得不如意的时候。正因为你日子过得很艰难，正因为你的人生处在低谷，就应该“思纯”，即应该反思自己：我的心是不是还很纯正？我的初心是不是纯洁的？因为人往往会因为日子不好过，人生遇到低谷的时候，开始动歪心思。比如开始搞地沟油了，开始卖假疫苗了，开始搞假冒伪劣产品了，开始对身边的朋友行骗了。所以越是日子不好过的时候，越是要保持纯洁的初心，因为这个时候老天正在考验你。

“天将降大任于是人也，必先苦其心志，劳其筋骨，饿其体肤”，这个时候，我们更应该守住自己的初心，老天才会给一个大大的翻身机会。老天心想：哎，这小子经受住了我的考验，给他一个大项目，应该可以成功翻身了。就怕遇到一点挫折，处在人生低谷的时候，便开始动歪心思。老天心想：幸亏我没给他大机会，你看看他就是没守住嘛。

贰

传统文化里的传承智慧

一 死在生前方为道

儒家认为，生是偶然，死是必然；佛家认为，生是必然，死亦是必然，一切都是因缘俱足，没有无缘无故的生，也没有无缘无故的死；道家认为“死而不亡者，谓之寿”。通过儒释道三家的观点，我们可以发现一个问题：儒释道三家不约而同地强调人是一定会死的，每个人都如此，谁也逃脱不了。

因此，任何人都必须面对一个亘古不变的修行话题，那就是如何面对死亡。“死在生前方为道”的意思是：什么样的人是入道了的人？“死在生前”的人，就证明他得道了。什么叫“死在生前”？这个问题没搞明白，你即便活了100岁、赚了再多的钱也没有用。“死在生前”的意思是：一个人在活着的时候就知道自己死后会怎样，那他就会努力做出改变。为什么会做出改变？想把这个问题彻底搞明白，就必须学《易经》。

讲到易经，我们绕不开这句话："人更三圣，世历三古。"《易经》不是某一个人的智慧，而是集体智慧的结晶。既然是集体智慧的结晶，一定会有代表性的人物。《易经》在演变过程中有三位具有代表性的人物：第一位是伏羲氏，第二个是周文王，第三位是孔子。他们分别对应三个历史时期：伏羲氏对应上古时期，周文王对应中古时期，孔子对应近古时期。

这三位代表性的人物都是"死在生前"已入道的，其思想对后世的影响极其深远。

二 伏羲氏与《易经》的启示

伏羲氏特别喜欢干一件事情，就是仰观天象。按现在的说法，就是预测天气。所以伏羲氏也被大家认为是世界上最早的气象台台长。他仰观天象，俯察地形，能分析出天气的变化。他对天气的预测很准确，老百姓经常去问他：“明天是什么天气啊?”因为在远古时期，人们对天气的依赖性很大，所以到后来，他实在忙不过来，就画出了八卦。他是怎么画出八卦的呢?

首先，伏羲氏是个先知先觉的人。

任何时代，都有三种人：

第一种人，先知先觉者。这种人，往往会成为行业或者时代的引领者。

第二种人，后知后觉者。有先知先觉的人，就一定有后知后觉的人。这种人往往会成为时代或者行业的追随者。

第三种人，不知不觉者。这种人往往会沦为被淘汰者。

伏羲氏是典型的先知先觉者，他仰观天象，发现天上有两样东西最具代表性：一个是太阳，一个是月亮。看完天以后，再看大地，他发现地上有两种东西最具代表性：一种是山，一种是水。看完地以后再看人，他发现地球上有两种人最具代表性：一种是男人，一种是女人。那时候民智未开，伏羲氏就想着去教化老百姓。但他想到，如果跟老百姓讲天上的东西，老百姓会觉得太遥远了；如果跟老百姓讲地上的东西，老百姓会觉得很复杂。于是伏羲氏就想：能不能跟他们讲人呢？因为人是看得见、摸得着的。男人跟女人最大的区别，是生理结构不一样，这是第一性征。

伏羲氏画出“——”代表男人，画出“— —”代表女人。伏羲氏进一步想，“——”这样的符号，可以代替山、代替太阳、代替一切往外扩张的内容，因此就把它称之为“阳”；“— —”这样的符号，可以代替水、代替月亮、代替一切往里输送的内容，所以把它称之为“阴”。于是用这样的两个符号，开启了中华文化历史上波澜壮阔的一页。

因为伏羲氏每次分析天气都很准确，于是他的公信度越来越高，来问他的人越来越多。慢慢地他就忙不过来了，于是他把附近的那些部落首领召集起来开会，跟他们约定，如果用三个阳爻垒在一起，就代表着天；如果下面是阴爻，上面两个都是阳爻，就代表风；下面是阳爻，中间是阴爻，上面是阳爻，就代表火；上面是阴爻，下面两个都是阳爻，就代表泽；三个阴爻垒在一起，就代表地；下面阴爻，中间阴爻，上面阳爻，就代表山；下面阴爻，中间是阳爻，上面阴爻，代表水；下面是阳爻，上面两个都是阴爻，就代表打雷的“雷”。

后来伏羲氏又给它们各自起了名字，天是乾卦，风是巽卦，火是离卦，泽是兑卦，雷是震卦，水是坎卦，山是艮卦，地是坤卦。再后来，经过不断演变，天代表父亲，即乾；地代表母亲，即坤；风代表长女，即巽；火代表第二个女儿，即离；泽代表第三个女儿，即兑；雷代表长子，即震；水代表二儿子，即坎；山代表三儿子，即艮。一共八口人，就组成了八卦。所以中华文化几千年来，八卦一直代表着家，反映着家文化。

如果明天是打雷，他就把“☳”这个符号画出来，代表“雷”，把它挂在外边，老百姓一看，就知道明天要打雷；如果明天要刮风，他就把“☴”这个符号挂出来，老百姓一看，就知道明天要刮风；如果明天是晴天，他就把“☰”这个符号挂出来，老百姓一看，就知道明天是大晴天。所以八卦的“卦”，是个通假字，通挂起来的“挂”。在中国古代，挂就是卦。

远古时候人死了，被随便往外一丢，就被动物叼走了。但是因为伏羲氏一画开天，中华文明进入道统时代。这个时候，人的思想就不一样了。自己的亲人死了，往外一丢，看到动物啃食尸体，会不舒服。那个时候，工具不发达，不像现在可以挖一个坑，把尸体埋起来。最简单的方法，就是把尸体挂起来，挂在动物够不着的地方。

所以，人死了就叫“挂”了。几千年过去了，我们还经常听到有人说某某人挂了。后来尸体腐烂了，骨头也风化了，还想念亲人怎么办？于是就画一个画像，把它挂起来。慢慢地，一代又一代去世的亲人多了，墙上的画像挂不下了，就发明了文字，有了牌位。最后，一代代去世的亲人更多了，就写一个“历代祖先之神位”挂起来。所以“挂”就是死的意思。

翻开《易经》，通篇就讲一个字“卦”。乾卦、坤卦、屯卦、震卦、蒙卦、泰卦、否卦……《易经》告诉我们，人与人的区别在于死了以后挂在什么地方。

孔老夫子死了，画像挂在全世界那么多的学校里；老子死了，画像挂在那么多的道观里；释迦牟尼佛死了，画像挂在全世界那么多的寺庙里，甚至挂在我们很多人身上。那你想一想，未来你死了，挂在哪里？所以你在还没有死之前，就应该当着你后代的面，把你的祖宗挂起来，未来你死了以后，后代才会挂你，这叫“死在生前”。你要在还活着的时候，就要想明白死后挂在哪里。

三 传承与孝道：中国传统文化的生死观

清明节，你有没有带着孩子给自己的祖宗扫墓？七月十五的中元节（也叫中国的鬼节），你有没有给祖宗烧纸钱？你如果都没有带着孩子去过祖宗坟前，凭什么希望死了以后，后代会来到你的坟前给你扫墓、烧纸？他们可能根本都不认识你，也就没有烧纸钱的概念。

扫墓不是简简单单的扫墓，烧纸不是简简单单的烧纸，这跟迷信一点关系都没有，这些都是传承。

其实埋在哪里无所谓，最重要的是“挂”。挂也有很多种形式：一种是挂着形象（画像），另一种是心里面挂念。如果你从来没有任何行为，那你怎么证明你对祖宗的挂念呢？

目前，全国保留宗祠最多的省份是江西省，其次是福建省和广东省。如果你房子多，我建议从现在开始就卖掉几套，先把宗祠盖起来。你的先祖不安息，后代怎么能安宁呢？

孔子、老子、释迦牟尼佛的形象已经被挂了两千多年，而且将继续被挂下去。将来我们死了，能挂上七天七夜就已经不错了。好多人都是挂三天，殡仪馆一火化，马上就再也不挂了。有些地方，老人死了，棺材还摆在灵堂上，吊唁的人却聚在一起打麻将。这种现象越来越普遍，人情味越来越淡了。

有一个男孩在上海工作，接到亲人的电话，说他父亲病危，于是请了七天假回去。他在医院里陪到第六天，他的父亲病情还不稳定，他就跟大家说："我就请了七天假，我要马上回去上班了。"结果，说完这话，刚过了一会儿，他父亲就死了。不知道，他父亲到底是病死的，还是被他气死的。他为了上班，不管父亲的死活，之所以有这样的人，就是因为缺少优秀传统文化的导航，这样的人生有什么意义呢？

四 人生终极问题与幸福之道

《易经》告诉我们，人与人的区别在于：

死了以后，被挂在什么地方。

死了以后，被多少人挂念。

死了以后，被挂念多长时间。

“死在生前方为道。”只有把这三个问题搞明白了，才叫“死在生前”。死了以后挂在哪里、被多少人挂念、挂念多长时间，你心里有没有想过？现在有很多人死到临头了，但还是没活明白。

任何人来到这个世界，都有两个节点：一个是生的节点，一个是死的节点。从生到死的之间的时间，不管多久，都是有限的时间；而生之前和死之后的时间，都是无限的时间。没有开窍的人，总是在有限的时间里去跟别人争名逐利；而真正开窍的人，根本不在这些世俗之处跟别人争，而是在争取无限的东西。老祖宗专门创造了一个词叫“千秋”，千秋就是无穷无尽，我们经常说的“千秋万代”就是这个意思。所以，真正开窍的人，活着的时候，不会跟别人比吃得好、穿得好，而争的是自己死了之后，子孙后代是不是比别人更牛。当我们明白了这个道理，今天被别人占一点便宜，我们生气干什么？别人诽谤自己一下，我们生气干什么？开窍的人争的是千秋万古名，而不是争一时之利益。

这辈子辛苦一点没关系，下一代比我们好就行了。这就是中国人为什么愿意辛辛苦苦一代人，换来几代人踩在自己肩膀上，比自己过得更好的原因。不像很多西方人，这辈子自己过好就行了，从来不考虑后代，这也是他们目光短浅的表现之一。所以我们要有自己的文化自信，学习传统文化就要求我们“求功要求百世功，求利要求千秋利，求名要求万代名”。

被誉为世界第一 CEO 的杰克·韦尔奇，小时候有口吃的毛病。在幼儿园里，小朋友们都瞧不起他，也不跟他玩，所以他一直很沮丧。他的母亲很敏锐，发现儿子整天都不开心，于是就问：“杰克，你怎么了？为什么一点都不开心？”他就跟妈妈说：“妈妈，今天同学们都说我笨，说我连话都说不清楚，都不跟我做朋友。”

杰克的妈妈说：“孩子啊，不是你笨。是你的脑袋瓜太聪明了，因为你脑袋瓜转的速度飞快，所以你的嘴巴跟不上脑袋转的速度。其实，你比正常人都聪明。”杰克听完此话之后，一下子就开心了起来，因为他坚信自己比所有人都聪明。慢慢地，他变成了世界第一的 CEO。

所以，一个好的母亲，信念很重要，因为母亲的一举一动，有可能影响孩子一生。孙中山在《建国方略・自序》一文里有两句经典名言：“吾心信其可行，则移山填海之难，终有成功之日；吾心信其不可行，则反掌折枝之易，亦无收效之期也。”翻译成白话文就是：我的心，只要相信这件事情可以干，哪怕是移山填海，只要坚持，总有一天我会成功；如果没有信心把事情做成，即使像翻手掌、折树枝这样容易的事情，也不会有见成效的时候。

所以，百年望族传承，我们要在“心”上下功夫。干任何一件事情，内心要充满无穷的能量。心胜，这事情就可能胜；心输，有可能眼看要成功了，到最后却打了个败仗。

五 周文王与《易经》的启示

周文王 82 岁被关在羑里城的牢房里，一直关了 7 年，虚岁 90 岁的时候，才被放出来。他在伏羲氏的基础之上，把八个卦两两重叠，变成八八六十四个卦，写了一部经典著作《周易》。周文王被关的那个地方在今天的河南安阳汤阴县。那个时候的牢房，周围是土墙。土墙上长着一种草，叫蓍草。切开蓍草的茎，可以看到它的横切面是八个角。他把这种草截成一段一段的，一根长的叫阳爻，两根短的叫阴爻。就这样两两重叠，最后演化出了六十四卦。今天我们读的《易经》，一般都要在前面加上一个“周”，叫《周易》，这个周指的就是周文王。当然，《易经》还有《连三易》《归藏易》，但《周易》最为大众所熟知。

除了蓍草，在中华文化里面，还有艾草和石斛这两大仙草。比如，艾草是纯阳之物。古代的人出外打仗，身上必须有艾草。只要把艾草一点，烟往哪个地方飘，哪个地方就可能有水，这是古人寻找水源的方法。

古时候没有望远镜，一般人也不知道哪里有水源。把艾草点着，看烟往哪个方向慢慢地飘，烟飘去的地方就可能找到水源。全国有三个地方的艾草比较好，分别是河南南阳、湖北蕲春（李时珍的老家）和河北安国。

另外一种仙草就是石斛，传说石斛有起死回生之功效。以安徽霍山的石斛药效最好，浙江雁荡山的石斛也不错。如果企业家朋友经常熬夜、开会，应该备上石斛，因为用石斛泡水喝，可以补气。

六 孔子与《易经》的启示

孔子少年丧父，中年丧妻，老年丧子。有一个与他相关的成语，叫“丧家之犬”。因为孔夫子周游列国，到处推销他的仁政理念，但当时一直没有人采纳他的观点。这么一个如“丧家之犬”的人，到最后是怎么变成至圣先师的呢？就是因为碰到了一个高人，送了一本书给他，他研读此书的过程中“韦编三绝”，最后成了至圣先师。

这就是2000多年前孔老夫子得到《周易》这本书并苦读的过程。孔老夫子通过苦心钻研，终于再次悟道。“韦编三绝”就是形容孔老夫子读《周易》时的场景。韦，是动物的皮；韦编，是指古代用竹简写书，用熟牛皮把竹简串联起来；“三”指的是多次。因为在中国古代，人们所读的书是用绳子将竹片与竹片穿起来的竹简。为了让竹简耐磨、防潮、不腐烂，就将动物的皮切成丝，用这种丝革把竹简穿起来，这样竹简就可以用很久。即使是用动物的皮革穿起来的竹简，其牛皮绳也被孔老夫子翻断了很多次，可以想象孔老夫子看《周易》的认真程度。

孔老夫子看完《周易》之后，也写了一本书，叫《易传》。这里的“传”，是“解释”的意思，《易传》就是对《周易》的解释。《易传》一共有十章，被后世尊称为《十翼》，可以理解为人生智慧的十只翅膀，它们让《周易》飞起来了。因为周文王所著的《周易》有明显的占卜味道，但因为有了孔老夫子的这个《易传》，《周易》便从一本带有浓厚的占卜意味的巫术论著，一下子变成了一本哲学著作。

孔老夫子从《周易》里得出了六个字的结论——时也、命也、运也。从这六个字中，我们感受到了他的大彻大悟。他发现：不是我的思想不好，而是我出生的年代不需要我的思想。于是他再也不周游列国，而是回到山东曲阜，开创了中国第一所民办学校，把他的思想寄希望于徒子徒孙们。我们再想象一下，如果当时孔老夫子继续周游列国，到处推销自己的仁政理念，有可能他这辈子就会消失在茫茫人海当中。他能悟出“时也、命也、运也”，完全是深入研究周易的功劳。

我们知道，《周易》是周文王关在牢房里，在伏羲氏的八卦基础之上，两两重叠，将其推演为 64 个卦，其中每个卦都由上卦和下卦固定组成。比如第 15 卦谦卦，上面是坤，下面是艮。

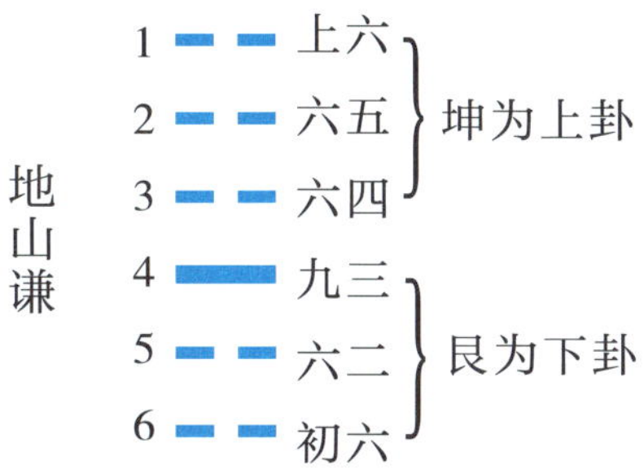

图 3　《易经》第 15 卦：谦卦

在《周易》中，阳爻，用“九”代替；阴爻，用“六”代替。谦卦从下往上分别是初六、六二、九三、六四、六五、上六（见图 3）。所有的卦都是从下往上画的，因为中国传统文化认为，气是从下往上升的。这里的“初”指的是时间，因为中国古人最重视时间，相对来说，空间没有时间重要。

以生命为例，当女人生下小孩，小孩发出哇的一声啼哭的那一瞬间，孩子的爸爸做的第一件事情就是看时间。老祖宗告诉我们一个深刻的哲理，一个人来到这个世界上，时间比空间更重要——只要出生的时辰好，哪怕出生在一个偏远的农村，都可能做皇帝；但如果出生的时辰不对，哪怕出生在富贵之家，最后也可能要饭。

河洛康家连续富裕十三代，兴盛四百多年。第十三代先祖是被日本人打死的，否则，康家还会继续财富传奇。虽然我不是军人，但是我的骨子里透着军人的风范，如果现在需要我上战场，我会义不容辞，直接参军。

任何一个地方，别人把我们当人看，不是我们个人有多大本事，而是因为我们的护照上有中华人民共和国的国徽，我们背后有一支伟大的中国人民解放军，有一个伟大的中华人民共和国，否则，谁会把我们个人当回事？很多人现在赚了一点钱，动不动就移民。现在移民，别人还把你当人看，过去外国人都瞧不起中国人。但是我要告诫各位，接下来，中国这边风景独好。时间很重要，时代很重要。今天我们这个伟大的时代，中华儿女等了700年。

学习《易经》要懂得“象数理占”。

象：万事万物都要表现出一种现象。

数：现象背后一定有数据，比如太阳千万年来都是东升西落，是有数据统计的。

理：就是逻辑，万事万物背后都有逻辑。

占：就是我们讲的预测、占卜。

之所以要学习《易经》，就是要通过现象进行数据分析，然后找出那个逻辑进行推理，预测未来，这就是“象数理占”。用现在的话讲，《易经》就是大数据分析。

打开我们中华民族的历史曲线图，几千年来呈现出一种现象，那就是每隔一段时间，就会有一次高潮，然后慢慢跌入低谷。有波峰，有波谷，有引领世界潮流的时候，也有走下坡路的时候。一个周期中间大约相隔 720 年。

中华民族的第一次历史高潮，是在公元前 841 年，当时发生国人暴动，赶走了周厉王，周公、召公二人摄政，这是中国历史上有明确纪年的开始，史称共和元年。从此之后，中国历史就进入了完全信史时代（从这一年开始便有了明确的年份记录）。这一创举，使中华文明站上了世界的巅峰，而同时期的一部《周易》，成为我们的哲学巨著。晚上我们睡觉会做梦，通常会说去见“周公”。这说明，周朝对中国人的影响巨大。今天我们学《易经》，通常讲的是周朝 800 年的历史，全人类历史上没有哪个朝代像周朝一样有如此长的璀璨文明。过了 720 年后，即公元前 1 世纪，具体应该是公元前 141 年，汉武帝刘彻继位。他开创的时代尽显大汉神威，让我们知道了汉族的来源，我们现在使用的文字是汉字，说的语言是汉语，都深受汉代的影响。再经过 720 年左右，到了唐太宗李世民时期，即公元 641 年（贞观十五年），正值大唐盛世，政通人和，国泰民安，首都长安成为当时全世界的经济、政治、文化中心。当时世界上大多数的超大规模城市，也就二三十万人口，而长安当时的人口超过百万。再经过720多年，在公元1371年左右，到了大明朝朱元璋洪武年间，据相关史料统计，当时我国的GDP占据世界的五分之三。又经过720年，即21世纪末，中华民族伟大复兴指日可待，我们期待这一天。

我们中国人常讲“宁做太平犬，不做乱世人”，意思是我们宁愿做太平时期的狗，也不做乱世时期的人。所以我们现在处在这么美好的时代，千万不要浪费光阴，中华民族伟大复兴的历史时刻即将来临，你准备好了吗？

七 中华文化中的神与鬼

孔子讲学的地方叫杏坛，我们把这个“杏”字拆开，上面一个“木”字，下面一个“口”字。老祖宗早就发现，活人讲什么事情，别人都不相信，而只有那个以木头做成雕像的先祖讲的话，别人才相信。古代人教育孩子，不是用嘴巴给孩子讲道理，而是父亲神色凝重，拿着香炉，拎着贡果，带着孩子来到祠堂，跪在列祖列宗面前，忏悔自己："列祖列宗，是我大不孝，没有把后代教育好。他现在还小，拜托你们不要把他带走，他会改邪归正的，请列祖列宗给他一个机会吧。"同样，过去师父教徒弟，也是需要焚香沐浴，到历代先贤面前，把想讲的话说给木头雕像听。

圣人以神道训教。古往今来，所有的圣贤，要想教化别人，离不开神道。那么，什么叫神？爬泰山快到快活三里的时候，有一块大石头上面刻了四个字——"聪明正直"，这是《易经》里面的精华，完整的表达应该为"聪明正直者，死而为神"。中华文化认为一个人能成功，要符合三个条件：第一，聪明；第二，正直；第三，死以后，老百姓把他奉为神。

中国人为什么喜欢鞠躬呢？其实圣贤没有讲太多的理由，因为讲一大堆理由，我们也不太愿意相信，于是就告诉我们，只要鞠躬就好了。通行版本的《道德经》，第一章主要讲一个字——"玄"，众妙之门，玄之又玄。其实这里的

“玄”是个通假字，通悬挂的“悬”。这个世界上最悬的事情，莫过于命悬一线。

东方文化与西方文化的区别，在这个地方体现得淋漓尽致。西方文化认为神造人，人无法跨越神，所以是神主宰人；东方文化认为，人聪明正直，就可以变成神。与“神”相对应的还有一个是“鬼”，这个不是封建迷信里的“鬼”，这个“鬼”是个通假字，通“归去来兮”的“归”、回归的“归”。我们讲人死了，就是归天或归西了，所以古人认为人既可以变神，也可以回去变鬼。最奇妙的地方是，哪怕某人是个十恶不赦的坏蛋，我们都不喜欢他，但是他死了，也可以变成一个神。

古时很多人家里摆着历代祖先之神位，表示祖先死了以后，都能成为神。只要是聪明、正直的人，老百姓都把他封为神，但很奇妙的是，自己家的祖宗是神，别人家的祖宗是鬼，这叫亲疏有别。这就告诉我们一个深刻的哲理，在中国传统文化里面，神也好，鬼也好，都是人演变来的。比如关羽、范蠡、比干，他们原来都是人，死后我们把他们封为了神。

稻盛和夫先生有一本书叫《活法》，里面讲到：“每一个现场，都有神明的存在。”中国人也常讲“举头三尺有神明”。也许你不知道它背后的意义和用途是什么，它的良苦用心是什么，其实是警告那些很狂妄、不懂得低头的人，他总有一天会撞南墙的。

64个卦没有好坏之分，非要讲哪个卦是最好的，那只有一个“谦卦”，但不是每个人都有资格讲谦卦。一个人本来就无能，表现出来还是无能，这个叫谦虚吗？这叫本能反应。谦虚，就是一个人很有本事，但是表现出没本事的样子，这才叫谦虚。所以你想想，你有资格讲谦虚吗？有很多人经常讲“低调”，你有资格讲低调吗？只有随时能高调的人，才有资格讲低调。

“地山谦”，是指山埋在土地下面，表示别人是有料的，只是不拿出来而已。越是自己有实力，越要藏起来，也就是我们一直讲的“留余”。

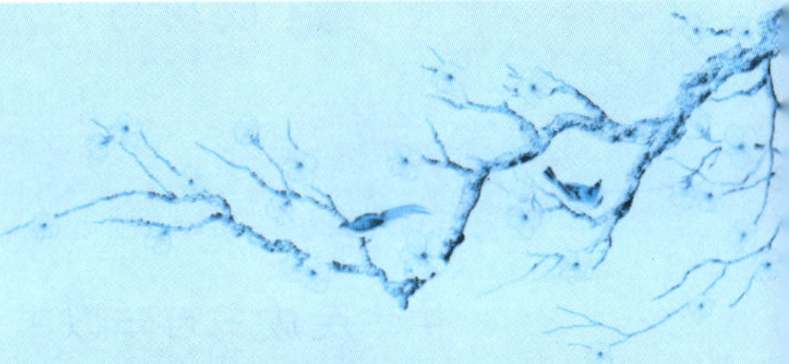

叁

修身让自己内圣外王

一 成功与功成：人生圆满的追寻

中华民族千百年以来，不追求“成功”，只追求“功成”。相信大家都听过成功与功成这两个词：成功是名词，功成是动词；成功是一项工程，事在千秋，功成是短暂的成功，经得起历史的考验；成功是结果，功成是过程。功成，通俗来讲，叫圆满成功。当然，这个圆满一般是指相对圆满，要做到绝对圆满太难。

假设两个人都是做企业的，一个人把企业经营得很好，虽然品牌很小，但利润很高，员工也很多。在一般人眼里，他就是一个成功的人。另一个人同样是做企业的，他的企业没有第一个人做得那么好，利润没有那么高，公司规模也没有那么大，在一般人眼里，这个人就没有第一个人那么成功。

但是我们深入研究后发现，第一个人虽然很有钱，企业做得很好，但是身体搞垮了，孩子教育失败了，夫妻感情不行，离婚了。而另一个人虽然企业没有他做得这么好，但是身体很健康，夫妻感情很好，孩子教育得很成功，所以第一位只能叫成功，不能叫圆满成功；第二位相对而言就是圆满成功。我说的圆满一般都是相对圆满，你想做到绝对圆满比较困难，所以现在很多人只能算是一个成功人士，离圆满成功还有漫长的路要走。

二 五福临门，人生圆满

要想让自己的人生相对圆满，就不能顾此失彼。一个人怎么体现圆满成功呢？其实老祖宗早就告诉了我们答案。总结起来就四个字——“五福临门”。如果一个人能够做到五福临门，就证明这个人相对圆满成功了。五福临门最早出自《尚书》，分别是寿、富、康宁、修好德、考终命（寿终正寝）。

一曰寿。

什么叫寿？死而不亡者，谓之寿。中国的汉字，加一个字，减一个字，境界就完全不一样。寿，就是死而不亡的意思。

人不在乎活多久，而在乎活得有没有价值和意义。如果一个人品德很差，到处坑蒙拐骗，干乱七八糟的事情，活着就是浪费粮食。

人不是年龄大就能得到别人的尊重，而是看德行怎么样。如果德行不行，活得越久，那就是别人讲的“老不死的老贼”。因为老而不死者，谓之老贼，意思就是：“你品德不好，活这么久干什么？”通过这句话，我们每个人都应该反思自己：天天养生，但你养品德了没有？品德不养，活这么久干吗？这个世界就有这样的人：为老不尊，祸害很大，虚长别人很多岁，德行还很差，对后代造成毒害，活那么久一点意义都没有。所以五福临门的“寿”，不是长寿，而且中国人最讨厌那种没有德行的长寿。

二曰富。

大家注意，这里没有讲“富贵”。很多人说：“富，不就是有钱吗?”这种理解肯定是很肤浅的。写过《爱莲说》的北宋理学家周敦颐说:“君子以道充为贵,身安为富,故常泰无不足。”这句话到现在演变成“心安为贵,身安为富”。人生在世,最“贵”的莫过于身体健康,如果没有健康的身体,其他的什么金钱、权力全部化为零。

就比如,在这个世界上,有的人虽然住着豪华的别墅,手里的钱很多,但是他的钱却不敢存在银行里,只能把现金放在地下室里,并且晚上还睡不着觉,心不安,这算“富”吗?当然不叫富,因为他的心不安。其实简单地理解,睡觉睡得很踏实,就叫富。今天有很多人,别看他有多少财富,有多少栋别墅,只要他心不安,都不能叫富。因为财富已经成为他的负担,成为他的累赘。“道充为贵”,就是全身上下每一个细胞都有充斥着道德的味道,这才叫贵气。现在很多人身上没有流着一丝道德的血液,怎么能贵气起来呢?

三曰康宁。

假设我们要去一个地方,只有一条路可以走,没得选择,这就叫道。如果从一个地方出发,前面出现了两条路,一条路通往正确的地点,另一条路通往错误的地点,错误的那个就叫“歧”——人有可能误入歧途。

在旧社会，女人嫁给谁依据的是父母之命、媒妁之言，没得选择，只能一条道走到黑，于是白头偕老的夫妻很多。现在谈恋爱有选择了，这个人不行，换一个。换了一个人又不行，再换一个。所以很多女人到四十岁了，也没有找到自己的归宿——前面误入歧途，选错了。

几十年前，大学生一毕业，政府把他们分配到哪个工作岗位，他们大概率只能在那个岗位上干一辈子，没得选择。正因为没得选择，所以对自己的岗位很珍惜，个个都想干出点名堂来。

现在，有些人大学毕业一二十年了，因为有太多的选择，这个工作不行，换一个工作；这家公司不行，又换一家公司，十年干了三五家公司，一直跳槽，到四十多岁了，也没找到自己的职业发展方向。

很多时候，你只要有选择，就会有痛苦，因为大多数人都有选择困难症。比如，今天早上你一起床，就感觉很痛苦，因为你衣柜里面的衣服太多了，你不知道应该选择穿哪件衣服。以前很多人就那么一两件衣服，没得选，晚上洗了白天穿，没有选择上的痛苦。

中午吃饭也有痛苦，因为有太多选择了，是吃面条还是吃米饭？以前就两个馒头，爱吃不吃，没得选择，所以吃得很香。

就业或者创业也是如此，这个行业不行，换一个；之后又觉得不行，再换一个。到最后，因为有太多选择，反而没找到自己适合的工作或者创业方向。同时，干什么事情都没有全力以赴，所以四十岁了，还在那里迷茫，不知所以。

有的时候，置之死地而后生，没有选择，就是最好的选择。很多人可能还是不理解，但现实就是因为你有太多的选择，所以作出了错误的选择。

有一个法则，叫布里丹法则。法国哲学家布里丹发现，一头驴面前放着两堆草，左边一堆，右边一堆，它不知道吃哪一堆草，最后饿死了。这就是布里丹法则——在决策面前，不要犹豫。在现实生活中，有很多人就是布里丹法则里面的那头驴，优柔寡断。有很多人明明知道这个人不适合你，但就是舍不得离开，一辈子就这样优柔寡断，到最后人生结束。创业也是如此，千万不要优柔寡断。

“心不死，道不生。”我反问你：“你现在有没有在做某件事情上死心塌地？”比如我这一辈子就开饭店，别的事情不干，于是我把饭店经营得很好；又比如我这一辈子就做教师，别的事情都不干，你不用诱惑我，我的心就牢牢地系在教师这个职业上，把书教好就是我的人生目标；再比如我此生非你不嫁，我生是你的人，死是你的鬼，此生也就幸福了。怕的就是你朝三暮四，今天做的事情或者交往的人觉得不行，明天换一个又不行，最后发现“天下乌鸦一般黑”。

现在很多人的人生就输在这种朝三暮四、朝秦暮楚上面，没有把自己的心放在某个人身上，或者没有把自己的心放在某件事上，认为自己什么都能干，但又什么都干不好。

能通往两个不同方向的路，叫“歧路”；能通往三个不同方向的路，叫“岔路”。如果某个地方能通往很多个不同的地方，四通八达，就叫“衢”。“九省通衢”的“衢”就是东南西北都能达到的交通要道。比如湖北的武汉、江苏的徐州、河南的郑州，就是东南西北都通达的交通要道。浙江有个地方就叫衢州，指的就是交通相对方便，东南西北都能贯通的地方。

我们来引申一下：如果某个地方能通往五个不同的地方，就叫“康”，健康的“康”；如果某个地方能通往六个不同的地方，就叫“庄”，合起来就是“康庄大道”。如果从某个地方出发，能通往七个不同的地方，这个叫“剧骖（cān）”，是七面相通的大道，所以古代将军的马叫骖马。如果从某个地方出发，能通往八个不同的地方，叫“崇期”，《尔雅·释宫》说“八达谓之崇期”，意思是四通八达的道路，引申为“圆满”的意思。如果360度，哪个方向都能通，就叫“馗”（kuí），在中国传统文化里面，“九”是最大的数字。有一个人叫钟馗，他能捉鬼，鬼不管跑到哪里，他都能逮到。

身体要健康，首先要气通，接下来是心通、血脉通、大小便通、经络通，关键是思想也要通。今天为什么这么多人会得病？就是因为思想不通。小孩成绩比较差，想不通；老公不愿意回家，想不通；隔壁老王家挣钱比我家多，想不通；同样是自己的弟弟妹妹，他们过得比自己好，想不通；同事升职比自己快，想不通……永远活在想不通的状态当中，不得病才怪。世界上有无数的人不是肢体残疾，而是心理残疾，都是因为想不通。

大多数人为什么烦恼？为什么想不通？其实就是本来自己需要的并不多，但是想要的太多，所以想不通。

虚云长老有一句经典的话：“修慧必须明理，修福莫如惜福。”这句话是我师父没有圆寂之前，经常给我们讲的话。我的师父是虚云长老的最后一个徒弟，叫绍云长老。他说：“一个人要想开启智慧，首先要明白事理。你不明白道理，你怎么开启智慧？”很多人现在天天讲修福，但你惜福了没有？比如，即便你家很有钱，你也没有资格浪费，浪费意味着家族开始走向败落。为什么曾国藩告诫子孙后代“能勤能俭，永不贫贱”？俭，就是控制和约束，曾国藩是在告诫子孙后代，如果既勤劳又节俭，族人将永远过上富足、体面的生活。

四曰修好德。

古语原为“攸（有）好德”，“攸”是个通假字，通“有”，后来变成了“修”。不管是“有好德”，还是“修好德”，都是指要有好的品德、好的德行。

五曰考终命。

考，就是“死”的意思；终命，就是“好死”的意思。所以“考终命”，用老百姓最能接纳、耳熟能详的四个字解释就是“寿终正寝”。什么样的人叫寿终正寝？原则上包括两个方面：

第一，最少要活到 60 岁。不到 60 岁去世的，不算寿终正寝。

第二，知道自己要离开这个世界了，把心里话跟子女讲讲，跟自己的徒弟讲讲，然后在睡梦当中安详地离开这个世界。我们可以想象一下，做到这样子难不难？至少我认为是很难的，因为现在人的欲望太多了，整天都活在“财色名权位、贪嗔痴慢疑”里面。

三 成功之路需要耐心与坚持

“功成”，在中华文化的图腾当中，体现为太极图（如图 4）。太极图外面的那个圈代表着圆满；里面的那一根曲线，代表着通往圆满的道路。老祖宗告诉我们一个深刻的哲理：从一个点到另外一个点，想走捷径是行不通的——没有直线可走。

图 4　太极图

老子在《道德经》中阐述了一个非常重要的理论——曲则全，“全”就是圆满的意思。人生想要圆满，就叫求全。怎么求全？我们平时讲的“委曲求全”就是根据这个太极图而来的，既有世界观，又有方法论。有时候我们走的好像是弯路，其实那样才能使我们求得圆满。

比如，你离婚了，但不要对婚姻失去信心，将来也许会获得更好的美满婚姻；你做生意失败了，不要悲观，不要自暴自弃，这是老天告诉你，让你总结经验教训，也许未来会更圆满；你生了一场病，这是老天在警告你，你要爱惜身体，将来你会走得更远。所以我们不要老想着从起点到终点走的是一条直线，其实，曲曲折折才是生命的常态。

比如我们到医院检查身体，正常的心电图一定是曲曲折折的，如果是一条直线，那肯定是我们每个人都不愿意看到的结果。任何人一来到这个世界，就在一步一步走向死亡，不管是王侯将相还是平民百姓都是如此。这个世界上，越是想挣快钱的人，越挣不到钱。多少人就是因为贪图赚快钱，最后却血本无归；多少人就是因为想学一个武林秘籍，变成武林高手，到最后身体却垮了；多少人想要一副灵丹妙药，吃上一副就能长命百岁，结果本来能活 95 岁的，最后却 59 岁就死了。所以，这个世界上没有捷径可走。红军二万五千里长征，我们认为是弯路，但那才是真正的圆满之路。

古往今来，所有伟大的人物、伟大的家族、伟大的民族，都是九死一生煎熬过来的，没有哪一个是一蹴而就的。

我要把《群书治要》这本书推荐给大家，这是唐太宗李世民登上帝位以后，他身边的大臣魏征等人辑录前人著述所作的读书。这本书是中国古圣、先王修齐治平之智慧、方法、经验、效果的集大成之作，是历经千万年考验所累积的文化宝藏。它帮助唐太宗开创了“贞观之治”，也可为当今各个阶层的领导者提供宝贵借鉴。对于生活在社会中的每个人，这本书也是修身、治家、处事的智慧源泉。

我建议大家人手一本，没事翻一翻，保证对你的人生有莫大的指导价值。特别是如果家里有正在上初中的孩子，书里面的一段话一定会影响他的三观。这段话就是：

> “夫物速成则疾衰亡，晚就则善终。朝华之草，夕而零落；松柏之茂，隆冬不衰。是以大雅君子恶速成。”

万事万物，凡是快速成长的，往往很快就完了。孔老夫子有个后代叫孔尚任，他写了一个剧本叫《桃花扇》，里面有三句话非常经典：“眼看他宴宾客，眼看他起高楼，眼看他楼塌了。”所以不要动不动就想挣快钱。“晚就则善终”，这里“就”不能读“jiù”，要读“cù”，其读音同一蹴而就的“蹴”字。越是基本功扎实，一步一个脚印走下去的人，往往到最后都得了善终，取得了圆满的好结果。一朵花从一个花骨朵到最后绽放，都有一个过程，如果刚刚还是个花骨朵，下一刻就绽放到极致，必是昙花一现。松柏树生长得很慢，外表也不怎么漂亮，但是寒冷的冬天来了，它照样不凋零。孔老夫子讲过：“岁寒，然后知松柏之后凋也。”

所以，有时候小孩子成绩差一点，不要骂他。小学成绩好，并不代表着中学阶段的成绩也好；中学阶段的成绩不好，并不代表着他大学的成绩不好；大学读书很厉害，并不代表着他的人生很美好。读书这个事情，尽心尽力了就好，不要勉强，因为有些人来到这个世界，天生就不是来读书的。有些人成绩差一点，读书累得要死，看他每天吊儿郎当，实际上他心里就惦记着这个人不错、那个人不错，未来这些人都来给我打工就好了。这样的人成绩一塌糊涂，但只要尽心就好，考多少分，还是需要有点天分的。所以不要一考定终身，不要因为孩子成绩差一点，就认为他不好。

从 1977 年全国正式恢复高考以来，每个省都有高考状元，有文科状元，有理科状元。统计数据显示，40 多年来，每个省的高考状元到现在，真正混得好的并不多。相反，大数据显示，第 7 名到第 17 名，也就是成绩处于中等偏上这个区间的人，混得比较好的多一些。所以孩子能考到这个范围之内，就不错了，不要非得让他考第一名。当然，有些人天天睡睡懒觉，也能考第一名，这些人是天才，属于特例。所以不要勉强，没有到最后一刻，乾坤未定，一切皆有可能。人生也是如此，你不要瞧不起身边那些过得不如你的人，也不要盲目地崇拜那些比你牛的人，没有盖棺定论，一切都在变化当中；即使盖棺定论了，还有可能翻案。

“大雅君子恶速成”是说那些真正有大智慧的人，最讨厌的事情就是“速成”。纵观当今社会，人人都喜欢速成，大街上有书法速成班、武术速成班、英语速成班、国学速成班。现在北京还有一个叫“恋爱速成班”的，三天告诉你怎么快速谈恋爱，怎么快速掌握对方的心理状况。我建议大家不要迷信速成，“伟大”都是熬出来的，怎么可能速成啊？去过成都的人，大部分都喜欢它的“慢生活”，而且这个城市幸福指数很高，但是这个城市发展得并不慢，世界五百强公司很多在成都都有分公司，并且这几年成都的 GDP 增长大家也是有目共睹的。相反，北上广深这些一线城市天天快节奏，让很多人的生命都耗在那里，根本谈不上幸福的生活，只能是苟且地活着。

很多人只看到别人一夜成名，却没有看到别人成名的背后是一个个不眠之夜。你只看到小偷吃肉，没看到小偷挨揍；你只看到成功者的鲜花、荣誉和掌声，却不知道他们背后的泪水、汗水和苦水。

我的老师经常跟我讲一句话，我觉得非常有道理。他说：“风光的背后，不是坚守，就是沧桑。”这句话对我影响很大。今天不管你从事哪个行业，只要是很风光的人，背后多半要么是坚守了很久，终于熬到了这一天；要么是走过了沧桑，经历了痛苦，尝尽了屈辱，才等到了今天。董宇辉一场直播卖了 1.5 亿元，但当国家不允许搞 K12 培训的时候，新东方一下子那么多人下岗的时候，大家有没有想到俞敏洪的那种痛苦？他们立马转型开始直播卖商品的时候，直播间里也是从刚开始的几个人，慢慢地变成几千万粉丝的。所以一定要明白，大部分人的成功并没有那么简简单单，我们不要光羡慕，一定要找到背后的逻辑。

中国台湾的著名学者蒋勋有一句经典的名言：“人如果忙得像一条狗一样，你是发现不了美的。”这句话很有哲理。比如春天来了，百花齐放，又有几个人能够静下心来欣赏一下花的美丽？都是为了一日三餐起早贪黑，连晒太阳的机会都没有。其实有时候，我们不妨换一种生活方式，该珍惜的时候珍惜，该欣赏的时候欣赏，不要老是和别人对比，真的没必要，因为适合自己的才是最好的。

清代学者袁枚写过一首诗《苔》：“白日不到处，青春恰自来。苔花如米小，也学牡丹开。”我们都知道，太阳晒不到的地方，才长苔藓。这首诗的意思就是：白天太阳晒不到的地方，小小的苔藓也在绽放自己的青春。虽然苔藓的花只有米粒那样小，不像牡丹那样靓丽，但也能像牡丹那样绽放。虽然苔藓生活在阴暗潮湿的地方，但还是有着自己的生活本能和生命意向，并不会因为环境恶劣而丧失生发的勇气。比如有些人发现自己不太适合在大城市生活，就没必要一辈子都耗在那个地方。苟且地生活没有必要，完全可以换一种新的生活方式。幸福不是只有一个标准，苔花有苔花的幸福，牡丹花也有牡丹花的幸福，每个人也都有让自己幸福的方式。

我们现在最大的问题就是，每天忙碌，根本没有时间来思考人生，导致用“战术上”的忙碌，掩盖了“战略上”的荒芜。看着天天都很忙，但忙的都是战术上的事情。你是否真正想过：我到底要过什么样的人生？我要把我的家带去哪个方向？我的生命应该用什么样的方式和姿态绽放？这些才是我们在战略上需要重点考虑的事情。

四 老子精神与中华文化基因

既然我们的国学被称为“华学”，那么，华学具体包含哪些内容呢？通俗地讲，华学就是诸子百家，包括老子、孔子、墨子、孟子、韩非子、鬼谷子、孙子、朱子等人的学说，这些都属于华学的范畴。如果我们要在诸子百家里面找一家代表中华文化到世界文化的舞台上去 PK，最具有代表性的还要数道家。

传说道教是在四川大邑县的鹤鸣山创立的，道家对四川这片土地影响很大。作为道家学派的主要代表，“老子”已经变成了中华文化的重要符号，也变成了中国人身上的重要基因，流淌在每一个中华儿女的血液里面。这也是我们中华民族在关键和紧要时刻不会亡国、不会亡种的重要原因，因为我们从来不服输。

我们可以没有漂亮的脸蛋和身材，但是必须拥有廉耻之心、善良之心。到什么时候，都要记住，作为中华儿女，身上必须有该有的血性和脊梁。

今天做老板的人，为什么做老板呢？因为不服输，所以做老板了；因为不满足于现状，所以自强不息，一直在努力奋斗。老子在我们每个人心中，本来一直有很高的地位，但是现在，在西方思潮的影响下，年轻人已经逐渐没有了老子风范，开始躺平了。很多人现在年纪轻轻，不努力奋斗，每个月挣4000元钱还要天天高消费，人生怎么过？老子精神没有了。

伟大的科学家钱学森有这样一句经典的话："想要瓦解一个民族，只要抽掉男人的脊梁和血性，拿走女人的廉耻和善良，社会风气坏了，几代人也难以修复。"这句话振聋发聩，直击要害，一针见血。改革开放40多年来，帝国主义一直都是这么干的，他们想让中国的男人没有血性，让中国的女人没有善良之心、廉耻之心，这样中华民族就废掉了。

同样，家风坏了，家族几代人也难以修复。家里有儿子的，他可以没有学历，可以没有颜值，但必须有灵性和血性；家里有女儿的，她可以没有姣好的身材和容颜，可以没有高学历，但是要有立志之心、善良之心。

五 中华文化源于《易》，成于孝

华学包括诸子百家，如果再划分得细一些，有十大维度，排名不分先后，但是有一样东西必须放在最前面，那就是《易经》（简称《易》），后面才是儒、禅、道、兵、农、医、史、法、杂、纵横、阴阳、小说等。

中华文化源于《易》，而成于孝，即中华文化的源头是《易经》，但是孝道成就了中华传统文化。教育的“教”，左边是一个“孝”，右边是一个“文”，这是老祖宗在告诉我们一个深刻的哲理——教育的根本就是孝道。“教者，孝之文也”，一切教育必须围绕着孝道来展开。不把孝道放在根本地位的教育，都是偏离轨道的教育。我们的老祖宗还特别强调孝道是分层次的。《论语》里，不同的学生问孔子什么叫“孝”，孔子就有不同的回答。因为孝是没有固定标准的，比如对于你来讲，也许让爸爸妈妈抱上孙子就是孝；但对另一个人来讲，改邪归正，好好地做人，也许就是孝。再比如，对于一个人来讲，让爸爸妈妈有衣服穿、有饭吃，就是孝；换另外一个人来讲，照顾好自己，不要把自己的身体糟蹋完了，就是孝。所以，孝是没有固定的标准和模式的。

“天、地、君、亲、师”是我国儒家祭祀的对象，“亲”在这里指父母，我们常称“父母双亲”，“亲”可以引申为祖上。养有几种含义：喂鸡叫喂养，养马叫饲养，长辈养活晚辈叫抚养，晚辈养活长辈叫赡养，怀着恭敬之心对待菩萨叫供养。怀着恭敬之心对待父母，就是孝。同时，孝也是分层级的。我们一般把“孝”分为三个层次。

第一层次，“大孝尊亲”。

这个“亲”，在传统文化里专指父母亲，不是现在网站上卖东西的客服叫顾客“亲”。

“尊亲”有些人只理解为尊重爸爸妈妈，其实这种理解是片面的，因为你尊重爸爸妈妈是做人的本分，还不能称之为“大孝”。“尊亲”应该是你的人品好，造福了乡里，对别人很有价值和意义，所以乡人尊重你的爸爸妈妈，这才是“大孝”。假设你的父母亲现在还在乡下生活，而乡下的路都是你出钱修的，乡下的老年活动中心也是你掏钱盖的。整个乡下的人，因为你的成功而受到了恩惠，于是别人对你的爸爸妈妈格外尊重，这就叫“大孝”。

每个人都可以自我回顾一下：我做了哪些事情，让别人对自己的爸爸妈妈产生尊重?

第二层次，“其次弗辱”。

要别人尊重自己的爸爸妈妈的确难，但是还可以退而求其次——弗辱。“弗”就是不要，“辱”就是侮辱。即使我做不到让别人尊重我的爸爸妈妈，但也要想办法做到不让别人来骂我的爸爸妈妈。这就是“孝”的第二个层次。

不让别人辱骂你的爸爸妈妈有时候也很难。今天我们走到任何一个地方，自己的一言一行、一举一动，不仅仅代表个人，也代表着自己的家教。世界上没有哪个民族像中华民族一样如此注重家教、家道、家风。

西方社会的最小单位是个人，东方社会的最小单位是家。今天我们走到外面，如果自己成功了，别人不会说你这个人很牛，他们只会讲这个人祖上积德。如果这个人的人品不好，别人不会骂你个人，只会骂“没家教”。

所以从今天开始，我建议每一个人都要紧绷着一根弦，在外面任何一个环境中，你的一言一行、一举一动，都不是代表你自己，而是代表着你的家庭和家教。

比如我们到酒店里住宿，退房的时候，房间里乱七八糟的，那个收拾房间的阿姨会骂得很难听。骂的什么内容，也许你听不到，但你爸妈已经被别人骂了。再比如你到公园里面去，有些人往公园的椅子上一坐，就开始嗑瓜子，嗑得满地都是。那个扫地的清洁阿姨肯定会骂这个人的父母。自己的父母被人辱骂，也是不孝的表现。

第三层次，“其下能养”。

很多人说：“老师，不让别人骂我爸爸妈妈，这个事情也挺难做到的。”那就再给你最低的一个层次——“其下能养”，意思是你再差劲，也能养活你爸妈。有人说：“老师，这还用你讲吗？我每个月给我爸好几千元的零花钱。”你以为给钱就是养吗？

《论语》里子游问孔子：“孝是什么？”子曰：“今之孝者，是谓能养。至于犬马，皆能有养。不敬，何以别乎？”这里讲的是：不是你给父母钱，就叫“养”，那和家里养个宠物有什么区别？怎么才能把养宠物跟养爸爸妈妈区分开来？关键就是一个字——“敬”。你给爸爸钱了，但你的敬畏心在哪里？你如果没有那份敬畏心，跟养宠物没有区别。

前面说过，“养”也分好多种，有喂养、饲养、抚养、赡养，最高级别的是供养。所以思考一下，你现在孝敬爸爸妈妈，处在哪个维度？

以上是“孝”的三种境界，接下来说说“不孝”。“不孝”也有三个境界。

首先，“阿意曲从，陷亲不义，一不孝也”。

假设你爸妈跟你说：“孩子啊，在外面要多长一个心眼，可不能吃亏啊。”你明明知道这样做是不对的，但你还是按照爸爸妈妈的想法去做。最后别人骂你：“这个家伙啊，这么没家教！”那怎么办呢？我不跟爸爸妈妈争吵，在外面我学会了变通，用的是另外一种方法——吃亏是福。然后别人说：“哎哟，这个小子了不起啊，这个人有家教。”这样对爸爸妈妈才更好，这才叫孝道。

其次，“家穷亲老，不为禄仕，二不孝也”。

意思是家里面已经很贫穷了，爸爸妈妈也老了，但是你还不去上班，不去挣钱养家糊口，这也是不孝。现在有很多大学生毕业后不去挣钱养家，吃爸爸妈妈的老本，这就是不孝。

再者，“不娶无子，绝先祖祀，三不孝也”。三者之中，无后为大。

千百年来，老祖宗都认为，不生孩子是最大的不孝，因为我们要做百年望族，没有人怎么能做到百年传承？

现在很多年轻人就是自私，没想到爸爸妈妈，没想到子孙后代，想的是自己这辈子怎么舒服就怎么来，这根本就不属于中国式家庭的做法。

六 经商有道，用传统文化指导商业

在康百万庄园里面，有一副非常经典的楹联，上联“经商要有商经，经商才能有道”，下联“用人先被人用，用人方可有度”。“经商要有商经，经商才能有道”，就是告诫子孙后代，做生意一定要用经典来指导，否则，当你挣到了钱，你就开始没有了奋斗的动力和方向了。

在中国古代，“商”和“贾”是有区别的。我们常讲“行商坐贾”，商人是到处跑的，比如做贸易的，就必须出去跑业务，才能把产品卖出去；“贾”是别人跑到你这里来享受服务的，比如开酒店的、做当铺的、开钱庄的，自己不需要出去，是别人来你这里消费。

如果一个人用儒家的经典指导自己做企业，而且取得了成就，这个人就叫“儒商”；如果一个人用道家的经典指导自己做企业，而且取得了成就，这个人就叫“道商”；如果一个人用佛家的经典指导自己做企业，而且取得了成就，这个人就叫“佛商”。

目前，“儒商”在中国内地的代表性人物是浙江宁波方太集团的创始人茅理翔。方太集团生产油烟机、洗碗机等，一年的营收有一百六七十亿元人民币。创始人茅理翔先生现在年龄虽然大了，但是照样出来演讲。他的儿子茅忠群是一个从海外留学归来的人，接班经营这家企业，也经营得非常好。他们父子两个人，现在经常同台演讲，并且在集团内部成立了两个传统文化学习中心：一个是方太文化研究院，另一个是杭湾书院。他们是中国现代儒商的代表，目标就是要做中国的稻盛和夫。2022 年“两会”期间，中国有很多主流媒体还专门报道了这对儒商父子。

儒家特别强调“仁义礼智信”，其中“仁”就包含让生命生生不息、繁衍后代的意思。比如花生没有花生仁，杏没有杏仁，它们能繁衍后代吗？所以，如果我们想做百年老店，也需要“仁”。其实“仁”就是一个人的良心，有良心才能生生不息，没良心就没法再进行抢救了。我发现现在各行各业什么都不缺，但普遍缺少良心。三百六十行，看着好像哪个行业都不好干，都挣不到钱，关键是你有没有用良心去干。有很多人说：“老师，我越是凭着良心干，越是赚不到钱。”我劝你别着急，“反者道之动，弱者道之用”，老天总有一天会让你顺风顺水的，关键是你是不是真的坚定信念、凭着良心做事情。

中国内地“道商”的代表性人物是山东青岛海尔集团的张瑞敏先生，这是有目共睹的。在 2023 年 Thinkers50 全球最具影响力的“50 大管理思想家”颁奖典礼上，张瑞敏先生获得“全球最具影响力的 50 大管理思想家”终身成就奖。这是很难得的，因为这个奖项堪称管理界的奥斯卡，张瑞敏是中国管理界获此殊荣的第一人。互联网浪潮来临的时候，海尔集团的“人单合一双赢”管理模式，创造了互联网时代的管理创举。张瑞敏先生也是第一位站在美国哈佛大学讲坛上演讲的中国企业家，并且，海尔集团的管理思想、方法是哈佛大学管理学教材中的第一个中国企业案例。

中国内地最具代表性的“佛商”是福耀玻璃的创始人曹德旺先生，他自己在公开场合就多次强调，他是一个虔诚的佛教徒，他给很多寺院捐了款，他还亲自写了一本书叫《心若菩提》，“菩提”这两个字就是佛家的用语。

如果一个人用鬼谷子的思想指导自己做企业，而且取得了成就，这个人就叫“纵横商”，也叫“鬼商”。这种人在中国旧社会有一个专有名词，叫“掮客”，现在叫“中介”。假设我不生产某种产品，也不需要这种产品，但是我把你生产的这种产品推荐给某人，而这个人正好需要这种产品，于是我对接了销售方和生产方，获取中间的差价，我就是“掮客”，用现在的话来讲，就叫资源整合者。再往大一点说，这就是“纵横捭阖”，其实性质和“掮客”是一样的。今天的互联网公司，大部分都属于“纵横商”，因为都属于平台型的公司。

目前，中国内地“伟商”的代表性人物有华为的任正非先生和娃哈哈集团的宗庆后先生等。虽然宗庆后先生已故去，但是他的女儿宗馥莉继承了他的经营思想。他们都是典型的“伟商”，即伟大的商人。

我们现在反思一下，做生意做了这么多年了，你是哪个流派？还有我们现在一直讲的“奸商”，其实在古代指的是“尖商”。你如果真的成为“尖商”，也很了不起，因为中国古代，做到最好的商人才能叫“尖商”，冒尖的“尖”。

假设我是卖粮食的，你到我这里来买米，我把米卖给你。古代有两个量米的工具，一个叫“升”，一个叫“斗”。十升为一斗，十斗为一石（dàn）。我把一升米倒到一个斗里面，十升为一斗，我倒了十升之后，最后有可能会出来一些米，然后，我就拿一根木头在上面刮一下，把它刮平。古代量谷物时刮平斗斛的器具叫“概”，大概的“概”。用这个“概”刮一下，上面就平了，这就是一斗。为了让你认为我是个仁义之人，本来上面已经很平了，但我还是拿一个“升”，再装一些米放到“斗”里面，于是形成了一个塔尖。别人会觉得，我这个人很好，下次再买米，还会到我这里来，而我会被人称为“尖商”。所以“尖商”就是尽量给别人多一点点的善良商人。本来要给别人多一点点，但你非但不给别人多一点，还要缺斤少两，那就变成“奸商”了。所以从“尖商”到“奸商”，代表的是商人心态的改变，是品德的高低。

如果你想做“佛商”，那请问你研读了佛学的哪部经典？如果你想做“道商”，请问《道德经》你学了几章？如果你想做“儒商”，请问《论语》你看了没有？如果你每天稀里糊涂，猪八戒踩西瓜皮——滑到哪里算哪里，那你赚到的那点钱，纯属运气好而已。

所以我建议大家从现在开始，必须确定一个流派，找一部经典，与圣贤为伍，用经典给自己导航，让自己在这个流派里面好好精进，不至于迷茫和丢失了方向。今天很多人因为没有精神指导，没有好的导航系统，到最后即使挣了点钱也守不住，或者挣到点钱以后，就失去了奋斗的动力。

很多人学习了西方的一点经营思想，慢慢就做不下去了，因为发现有很多经营思想在中国根本就不适合。比如西方经营思想——追求利润最大化，大家都想追求利润最大化，但是到最后，谁还有利润呢？所以中国古人从来不讲这么低级的话，我们一直强调“利润合理化”，这也是康百万家族的“留余”思想：我本来可以得到 80 元，但我只要了 70 元，因为“留余”才有可持续发展的基础。你要利润最大化，他要利润最大化，大家都一竿子捅到底了，还有可持续发展的可能吗？所以说，中华民族几千年来的圣贤文化，在某些方面其实比西方先进得多。

“用人先被人用，用人方可有度。”这句话的意思是：某个需要继承家族企业的孩子，从国外留学归国后，不要让他从国外一回来就立马做个总裁、副总裁，因为他会用西方的那一套思想来管理身边的员工，大家肯定会产生不适感。这个孩子没有做过最底层的工作，没有当过普通的员工，不知道被人管的滋味和感受。最好的方法是，让这个孩子先到其他的企业打打工，让他被别人“运用”，然后他就会知道被别人“使唤”是一种什么样的感受。经过一段时间的锻炼之后，再让他来做个副总裁，或者做个什么领导，可能会更有感触，也更成熟。

《大学》里面有一句话，“所恶于上，毋以使下”，意思是如果你讨厌你的上级用某种方式对待你，你就不要用这种方式去对待你的下级，这样，你用人就有度了。建议大家把这些要领好好理解透彻，这对于做百年老店，有着极大的指导价值。

七 中国传统文化的传承智慧

中国人特别强调“一字师”，就是一个字弄对了，也许你就成了君子；一个字如果搞错了，也许就成了小人。比如“人不为己，天诛地灭”这句话相信大家都很熟悉，但核心点在“为”这个字上。你是读第二声还是读第四声，就决定了你是君子还是小人。如果把“为”字读第二声，理解为修为的意思，那就是人如果不为自己的本心、本性去好好修为就会天诛地灭，于是你就成了君子；如果把“为”字读成第四声，那就是如果不为自己就会天诛地灭，那你就变成了不折不扣的小人。所以有时候，你碰到什么样的师父，往往决定了你的人生状况。

我们现在讲“人人平等”，是在人性上平等，在人格上平等；“人有高低”，那是告诉你，人生来就不平等。一个是表象，一个是实相。老子早就告诉我们，人是分级别的。

老子把人分为三种：上士、中士、下士。

《道德经》第四十一章："上士闻道，勤而行之；中士闻道，若存若亡；下士闻道，大笑之，不笑不足以为道。"但这是通行版本，不是老子原来的版本。在几千年前老子的那个原始版本里，没有"勤"这个字，"勤"字是汉代以后被篡改的。

今天，有这样的一群人，他们不管别人怎么看他，他这一辈子只干自己的那个行当。比如很多的非物质文化遗产传承人，哪怕生活过得不好，他也要把自己的一辈子都奉献在非物质文化遗产的创造和传承上，这些人都是我们所说的"上士"。

今年卖口罩挣钱，你就卖口罩；明年卖药赚钱，你就卖药。你根本没有把你的生命奉献在某一个事业上，这些行为，用以前的话说叫"投机倒把"。爱情也是这样，你觉得这个人不行，换一个；过一段时间，又觉得不行，再换一个。所以从现在开始，你应该反省一下自己，你的余生准备干什么，而且不发生变化，你找到了没有？如果到现在还没找到，你离那个"上士"就还很遥远。找到这个目标，你就开窍了。

我坚持传播中华传统文化已经几十年了，我还想这样一直做下去。你是不是个“上士”，就看敢不敢把你的一切奉献给你所憧憬的伟大理想、伟大事业。

八 幸福来自惜福

现在很多人为什么没有幸福感？因为不懂得惜福，所以不幸福。2018 年我到浙江宁波去演讲，会场上有一个女企业家朋友举手问我：“老师，你能不能告诉我，这个世界有没有地狱？”我说：“这个世界有没有地狱，其实自己想象一下就知道了。今天在北京 301 医院，有没有人被开膛破肚？有没有人被截肢？有没有人在开脑袋、打钢钉、上钢板？有没有人在换肾、换肝脏、切掉胆囊？所以，那不就是地狱吗？地狱里面不就是刀子、锤子、锯子这些东西吗？”

同样，今天我们能平安健康地度过每一天，不就是在人间天堂吗？那你为什么还不珍惜呢？我相信，通过我这样一解释，她瞬间就明白了。

她紧接着又问：“老师，那你告诉我，这个世界有没有恶鬼?”其实，我们可以再想象一下，今天有没有人想吃这个吃不了，想吃那个流着口水却吃不着。一根管子从鼻孔插进去，然后再弄根导管从下面出来，这不就是“饿鬼”吗——流着口水，想吃吃不了。而我们现在想吃红烧肉，想吃北京烤鸭，想吃鲍鱼，想吃什么都能吃，多好的口福啊。所以幸福就这么简单，为什么我们还不珍惜呢?

我们今天很多人为什么不幸福呢?那是因为没有想明白。为什么想不明白?因为思想境界太低了。其实，把事情想明白了，瞬间能让你的幸福指数爆棚。“你所不在乎的，恰是别人所羡慕的。”我们早上起来穿衣服、上厕所、刷牙洗脸，这些事情对于我们来讲都是轻轻松松就完成了，但在这个世界上，还有很多人想干这些平常的事情却比登天还难，比如植物人、瘫痪的人、残疾人。看看这些人，你会不会觉得自己是多么幸福?

我有个广东的学员朋友有一天跟我讲：“老师，我烦死了。现在我的小孩的成绩差得不得了，我们夫妻两个人虽然挣了一点钱，请家教，可成绩就是上不去。”我问他：“孩子的成绩差到什么程度?”他说:“在班级里每次考试都是在20名左右徘徊。”我说:“那你烦啥呀?有一个学员朋友,他的两个小孩得了绝症,到现在医学界都不知道是个什么病,终日以泪洗面,但是这两个小孩成绩都一流。我问你,是愿意孩子的成绩一流,但得个怪病呢,还是希望你的孩子成绩差一点,但身体健康呢?”他说:“老师,我知道了,我现在已经很幸福了。”所以,“一念天堂,一念地狱”,换个角度,转变观念,海阔天空。

你老公如果给你买了双鞋,款式不好,不要骂他,至少你还有鞋穿,有的人连脚都没有,买再好的鞋又有什么用呢?所以你不在乎的那些东西,恰恰是别人羡慕的东西。当明白这些道理之后,你还有烦恼吗?

不是“勤而行之”,很多时候,“勤而行之”是没有用的,而应该是“进而行之”。一个字的差别,完全是不一样的境界。

康百万庄园有一副楹联:“人法地,地法天,天法道,道法自然;诚则信,信则交,交则活,活则生财。”上联出自老子《道德经》,意为天、地、人都要依道而行,讲究人与自然、社会和谐相处,共荣共生,和气生财。

而康家有自己的断句方法。上联：人/法地地/法天天/法道道/法自然；下联：诚/则信信/则交交/则活活/则生财。康家先祖是想告诫子孙后代，把上联的第一个字“人”和下联的第一个字“诚”单独拿出来，后面三个字为一组，读出来，感觉就不一样了，就能读出康家对传统文化创造性的见解。把“人”放到最低的位置，他才会向大地学习，向天学习，向道学习，向自然学习。“诚”就是诚信，只有诚信才能通天，至诚才能通天。

世界上那么多的人，注定无数人只能跟你有一面之交，不要当真；也有一部分人注定可以走进你的内心世界，与你交心；作为一个真正的修行者，这一辈子只需要找到一个刎颈之交的朋友，就是那个在关键时刻能救你命的朋友。

比如我现在问你：“假如过几天你就要死了，现在你身边有没有这么一个朋友，可以让你托付老婆孩子，托付身家性命，你可以把一切身后事都托付给他，而他一定会帮你处理得妥妥帖帖的。你身边有没有这样的人?”

如果一个人到了中年，身边连这样一个可以托付生命、托付老婆孩子的人都没有，你应该反省是不是浪费了几十年的时间和精力，交了些狐朋狗友、酒肉朋友。

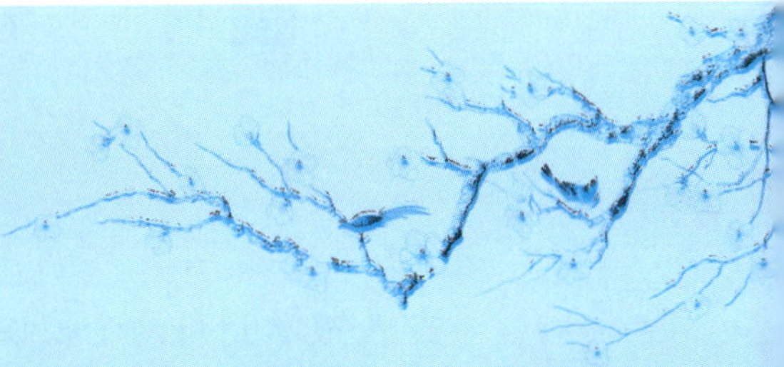

肆

新时代的齐家之道智慧

一 向古人学习做学问的秘诀

古人做学问有两个秘诀：

第一，惜字如金。

以前我们的文字不是像现在用电脑或手机打字，或者用笔写这样方便。在纸张被发明并大范围使用之前，书籍上的每一个字，都是用刀刻在龟甲或竹简上，每刻一个字都很辛苦，所以能用一个字表达的，决不用两个字；能用一句话表达的，决不用两句话。这就是文言文言简意赅的原因。正因为古人做学问惜字如金，所以每一个字我们都要认认真真地读，不能轻易放过。

第二，开宗明义。

春秋时期，人们用绳子把一块块竹片从中间穿起来，然后把它们卷起来，这就是竹简。所以“卷”字既是动词，又是名词。如果理解为动词，就是把书卷起来的意思；如果理解为名词，“卷”字就变成了第四声，如“读书破万卷”。

以前读书，是把书卷起来读的。不像我们今天把一本书前面的目录打开，一看目录你就知道这本书讲的是什么内容。而以前把竹简打开，前面几句话就是整本书的精华，然后带着思考去看整卷竹简的内容，才越读越有感觉，这就叫“开宗明义”。那怎样才能知道前面几句话中的哪一句才是精华呢？这就涉及一个重要的学问——“绝学”。

北宋思想家、教育家，宋代理学创始人之一的张载，有一个“四为学说”：“为天地立心，为生民立命，为往圣继绝学，为万世开太平。”当代哲学家冯友兰将其称作“横渠四句”。绝学，就是快要灭绝了的学问。每天都有学问在灭绝，比如非物质文化，当唯一的传承人逝世后，这个学问可能就消失了。

现在好的师父遇到一个合适的徒弟太难了，没人愿意传承我们老祖宗的好东西，于是很多“绝学”就慢慢消失了。也正因为很多学问濒临灭绝，所以就更需要有人“为往圣继绝学”。我传播“家文化”到 2024 年已经是第 22 个年头了，找到了两个徒弟：一个是张华，另一个是张泽民。我考察了张华 5 年，才于 2022 年农历二月初二在泰山顶上收他做了徒弟。因为他很想传播“家文化”，我便对他说：“你传播‘家文化’，首先得把自己的家建设好。你自己的家都搞不好，就没有资格传播‘家文化’。”他说：“这个我能做到。”所以即便夫妻有点小矛盾，他只要想一想跟我承诺的这句话，就能把夫妻矛盾解决了。

假设两个人都有做武林高手的梦想，于是结伴去少林寺学武术。一个人在少林寺待了半年，就跑去广东学咏春拳；学了半年，又跑去福建学五祖拳；学了半年又跑了，跑到河北沧州学长枪；学了半年又跑了，跑到湖南学梅山武术；学了半年又跑了，跑到河南温县去学陈氏太极……一晃 8 年过去了，学了 16 个门派。而另一个人到了少林寺以后，沉下心来，花了 8 年时间，把少林 72 绝技中的一个绝技练到了炉火纯青的状态。第一个人是横有宽度，第二个人是纵有深度。两个人同样学了 8 年武术，8 年以后，两人在擂台上一决雌雄，后者一招便能把前者打倒——这就是深度的重要性。

今天很多人拿出自己的名片，上面印着七八家公司，但没有一家公司有核心竞争力。你开这么多家公司干什么？无根之草，无本之木，经不起任何风吹雨打就倒闭了。有深度的人，让他拓展宽度，那是分分钟的事情；但是只有宽度，突然间让他去拓展深度，那必须经过时间的打磨才做得到。

我们都听过“纵横捭阖”这个词，但你是否思考过这个词的含义？有很多人，说他不懂吧，他又好像什么都懂；说他懂吧，但是他一个绝招都没有。可以说这类人比比皆是，到最后变成了“眼高手低”。特别是现在的年轻人，看着好像什么都懂，但就是没有一点自己的看家本领。其实，绝招是什么？就是我们常说的“工匠精神”，真正的工匠几十年如一日，深耕细作。

现在很多人对传统文化根本不了解，更不了解里面的精髓。其实，老祖宗对我们太好了，留下了很多“宝贝”，只是我们自己守着“金山”要饭，这实在是一种悲哀。

二 人生要有危机意识

孔子因为读了《周易》，改变了自己的命运，其中的卦序对他的影响最大。他发现卦的顺序大有玄机。

第1卦是乾卦，最后一卦是第64卦——火水未济卦，我们取其中的4卦来给大家解析一下。

第11卦是地天泰卦，简称泰卦；第12卦是天地不交否卦，简称否卦。从数字11到数字12只有一步之遥，这就意味着从泰到否也是一步之遥。泰，我们可以把它理解成好的意思；否，我们可以把它理解成暂时倒霉的意思。所以从好到坏，其实就是一步之遥。

比如一个人从37岁到38岁，虽然只差一岁，但是过了37岁，就再也没有37岁了，回不去了。那从38岁到37岁有多远？很多人讲，只能是下一辈子。再比如一条狗可能永远都没有38岁，十几岁就死了，所以我们要珍惜现在的一切。从37岁到38岁只有一步之遥，但从38岁到37岁就是遥遥无期。从泰到否，一步之遥；从否到泰，就是遥遥无期。从好到坏，一步之遥；身体现在健康，但是到得了癌症，只有一步之遥；现在家庭很幸福，但是到家庭破产，只有一步之遥；现在公司赚钱了，但是到公司破产，还是一步之遥。反过来看，从破产到再站起来，难上加难；身体得病了，要想恢复如初，难上加难；小孩变坏了，再变好，也很难。

老祖宗对64卦为什么会是这样的排序？其实是在告诉我们要有危机意识。当你顺风顺水的时候，要告诉自己从好到坏只有一步之遥，但从坏再变好就会难上加难。

你现在有钱了，过上了好日子，但要有忧患意识，因为从好日子到“坏日子”只有一步之遥，再从坏到好、重新站起来，很难，这就是古人说的“生于忧患，死于安乐”。你现在挣了很多钱，但不要嘚瑟，因为到破产，可能是分分钟的事情。你现在身体很健康，但应该懂得养生，否则离疾病只有一步之遥。现在的小孩很听话，就应该抓紧训练他、教育他，因为离学坏了只是一步之遥，要想重新变好，肯定很难。

“常将有日思无日，莫待无时思有时。”当你有钱花的时候，要想一想，万一有一天没钱了该怎么办？当你现在很健康的时候，应该想一想，万一有一天我生病了怎么办？现在夫妻感情好的时候，你要想一想，万一有一天夫妻感情破裂了该怎么办？有了这种危机意识，你就会想办法去维护，不会粗心大意。很多人都犯了这个毛病——得意忘形，失意、失态。

第63卦是水火既济卦，第64卦是火水未济卦。水火既济，可以把它理解成“大功告成”；火水未济，可以把它理解成“刚刚开始”。按照一般人的思维，从第1卦开始到第64卦结束，第64卦应该是圆满、大功告成才对，但为什么周文王要把第63卦叫既济（大功告成）呢？这个问题没搞明白，也就永远搞不懂中国哲学的底层逻辑。其实可以用四个字概括，那就是“没完没了”。谁弄懂了这四个字，就证明他开窍了。这个世界，永远都是没完没了的，永远都是因果循环的。

假设今年春天我买了50斤玉米种子，把种子播撒到地里，夏天浇水、施肥，到了秋天，我收获了500斤玉米。那么，50斤种子就是“因”，500斤收成就是“果”。我们从这500斤玉米中拿出50斤作为种子，放到第二年继续种。第二年的秋天，我又收获了600斤玉米，后面的这50斤又是“因”，600斤收成又是“果”……一直这样循环往复，前一年的“果”变成了第二年的“因”；第二年的“因”结了“果”以后，这个“果”又变成了第三年的“因”。如此，永远互为因果，没完没了。

这就告诉我们一个深刻的哲理：一件事情应不应该做，

必须小心谨慎，因为只要事情开始做了，就会没完没了。就像一个女孩子，别人送她一件礼物，这个礼物应不应该收，她应该思考一下。如果收了这件礼物，她应该知道，对方后面肯定还有别的想法，没完没了。假设你是个公务员，别人请你去吃饭，你要想一想：这顿饭应不应该吃？你应该知道，对方请你吃饭必定有动机，后面必定会没完没了。

正因为没完没了，所以《周易》里面才有这样的一句话："积善之家，必有余庆。积不善之家，必有余殃。"这就告诉大家，一旦开始，后面永远没完没了。康百万家族有一个一字训导非常经典，刻在康百万庄园的一面墙上，这个字就是"慎"字。

康家告诫子孙后代，能不能做百年望族，"慎"排在第一位。慎言慎行，慎微慎独，一切都须"慎"；如履薄冰，战战兢兢，丝毫不能马虎，否则万劫不复。我自己也把这个"慎"字刻在夏令营训练基地，告诫跟我学习传统文化的夏令营的小朋友们，必须把这个"慎"字牢牢地印入脑海。

中国人都想寻求"善始善终"，那么开始的时候就要谨慎。比如这个女人到底适不适合做老婆，你要想清楚以后再开始交往。如果没有想清楚，就不要结婚，因为结婚以后，各种问题就会没完没了。很多人讲："两个人不合适，我们再离婚呗！"你以为离了问题就解决了吗？不是离婚就万事大吉了，有些人离婚后，麻烦才刚刚开始。很多人不离婚还勉勉强强过日子，一离婚，陷入了恶性循环当中，一切都没完没了。

三 以终为始，知所止——儒家的精华

孔子把《周易》中的卦总结成了儒家的精华——顺序。儒家四书之中的《大学》专门有一段阐述了儒家的精华："知止而后有定，定而后能静，静而后能安，安而后能虑，虑而后能得。物有本末，事有终始。知所先后，则近道矣。"这一段话也许你背得滚瓜烂熟，但估计没有深入思考过。

在这段话中多次出现"后"这个字，意思就是先干哪个，后干哪个。大家都想得到财富，得到地位，得到荣誉，得到健康，得到一切美好的东西，而要想得到这些，追根溯

源，其源头是“知止”。我们学习传统文化，一定要懂得“知所止”的智慧。康家先祖专门写了“知所止”三个字挂在门卫处，子孙后代只要经过那里，就会提醒自己“知所止”。康家先祖为了让子孙后代能够理解和接受这个观点，还在康家私塾门口专门摆了两块大石头，上面刻有“出畏止，入惧止”六个大字。“畏”是敬畏的意思，“惧”是害怕的意思，“止”就是“知所止”的止，意思是每天出入家门的时候，提醒自己对“止”要有敬畏之心，不要为所欲为。今天为什么有很多人贪婪成性，最终导致万劫不复？就是不懂得在某个地方停步，不懂得“刹车”。

人在某个地方出生，在某个地方死亡，所以一个地方是生，一个地方是死。把人生从中间分开，一边是上半辈子，一边是下半辈子。正常情况下，小孩子生下来是没有牙齿的，慢慢地开始长牙，最后到每颗牙齿都长齐，老了以后，又开始慢慢掉牙，直到剩下没几颗；小孩子生下来时个子比较矮小，慢慢地开始长个子，老了以后，开始驼背，骨骼逐渐开始萎缩；小孩子生下来后自己不会吃饭，到慢慢地能吃半碗、吃一碗，老了以后，慢慢地开始吃得越来越少，直到最后吃不了饭、一口都吃不下了。上半辈子是走上坡路，下半辈子是走下坡路；上半辈子是做加法、做乘法，下半辈子是做减法、做除法；上半辈子是在踩油门，下半辈子是在减油门、踩刹车。

人到中年后，应该慢下来，而不是继续自我加压。学习传统文化，不是要你变得更急，而是让你更加舒缓。一年当中，我们应该留点时间给自己放松一下，如果挣了钱就存到银行里，多一个零和少一个零，区别不大的。

比如都是骑自行车，骑得快的不算有水平，不仅要骑得快，关键是还不能摔下来。我们现在应该停下脚步，等等灵魂，灵魂如果跟不上赚钱的速度，赚了钱也痛苦。今天你看到自己账上有钱了，有车有房了，为什么还是不幸福？就是没想明白，想明白了，财富才是我们的工具；没想明白，财富将成为我们的累赘，还有可能会成为我们头上的一座山，将我们压垮，永世不得翻身。

我们会发现，很多家庭在没有钱的时候，夫妻俩很幸福，但钱一多起来，夫妻矛盾就出现了。有些家庭没有钱，小孩还教育得不错，一有钱，小孩就开始走歪路了；有些家庭没有钱，兄弟姐妹还很团结，一有钱，便开始因为钱而反目为仇。所以钱是一把双刃剑，你的价值观正确，钱就是好东西；价值观不正确，钱就会让你快速走向衰亡。

所以，怎么花钱很重要，“知所止”就是怕你贪得无厌，不懂得“止”。这里，我要推荐一本经典的书籍给大家，这本书的名字叫作《止学》，作者王通，号文中子。在中华优秀传统文化里面，只要后面能够带个“子”字的，一定是位圣贤，不是圣贤，是没有资格带“子”字的。我如果只讲他的名字，很多人可能还不了解他是谁，但我说出他的几个学生，大家肯定都知道。他最得意的一个学生是魏征，另外还有两个学生是房玄龄、杜如晦。我相信很多人看完这本书以后，人生境界会得到一定的提升。当然，除了看书之外，还要善加践行，不去践行，肯定也是没有用的。所以“知所止”是了不起的大格局，也是了不起的大学问。

战略往往不是决定做什么，而是决定不做什么。我们的人生战略，不是一会决定搞这个，一会又决定搞那个。人到中年，你应该决定的是这个我不干，那个我也不能干。“为学日益，为道日损”，只有为学才日益，为道则要日损，即要做减法。现在有很多人到了中年，最大的毛病就是贪得无厌，好不容易挣来一点钱，就觉得自己无所不能，于是开始多元化扩张，到处开分公司，还没等出成绩，突然发生变故，全都灰飞烟灭。很多老板为什么会失败？就一个原因：自己的精力驾驭不了自己的能力。你能力很强，但是精力分散，没有精力驾驭你的能力，最后肯定一事无成。

你本来完全有能力把你的家庭经营好，但因为你分散了精力，没有时间和精力来经营你的家庭，于是家也散了；你本来完全有能力把你的小孩教育好，但因为你分散了精力，没有时间和精力来陪伴你的孩子，于是他变坏了；你本来完全有能力把你的企业经营成一家百年老店，但因为你分散了精力，过于贪婪，没有把时间和精力放在现在这家店上，于是你的店倒闭了；你本来完全有能力把你的身体养好，但因为你分散了精力，顾不上养生，于是你的身体垮了。

佛家讲“贪嗔痴慢疑”，这不就是犯了“贪”这个毛病吗？今天很多人都犯了“贪”这个毛病，买了很多套房子，却连个祖宗的祠堂都没有；连自己的家人都照顾不好，却老想着邻居家过得怎么样，这都是贪得无厌的表现。

前面一直讲“终始”，没有讲“始终”。其实“终”就是《周易》中的第 63 卦，“始”就是《周易》中的第 64 卦。如果没学《周易》，《大学》也是很难看懂的。我们只讲“终始”，没讲“始终”，是因为要以终为始，不要以始为终。

比如，当你还在任的时候，就应该想到：未来某一天我退休了，别人还会尊重我吗？所以，“知所止”是我们每一个人都要好好悟透的真理。传统文化一定是经得起历史考验的，因为那些经不起考验的理论，早就在历史长河当中被淘汰了。

四 顺序不同，命运不同

我把“知所先后，则近道矣”这句话也挂在小学员的训练营基地。一个人只有知道哪个先、哪个后，这个人才能开窍。我们没有时间做所有的事情，但是一定有时间做自己认为重要的事情。你如果认为学习重要，那么即便再忙，都会抽出时间来学习；你如果认为谈恋爱重要，那么即便再忙，都会抽出时间去见女朋友；你如果认为朋友重要，那么即便再忙，都会抽出时间去找朋友聚餐；你如果认为锻炼身体很重要，那么即便再忙，都会抽出时间去跑步、游泳、登山。

你不要跟自己讲没时间，不要找借口。有很多人喜欢犯一个毛病，就是常把“没时间”三个字挂在嘴边。假设一个人的寿命是100岁，他现在70岁了，那还有30年的寿命；如果他现在80岁了，也还有20年的寿命；但是他今年100岁了，那就真的没有时间了。人只要活着，其他的可能啥也没有，但就是有时间。中国人从来不讲自己没时间，只会讲“我安排时间”——时间是安排出来的。“没时间”是西方人讲的概念，中国人从来不讲。所以从现在开始，不要找借口，你只要认为这件事情有价值、有意义，它很重要，那你就一定有时间去做。

所以你不要找借口，说没时间教育孩子，那是因为你没有把教育孩子这件事情看得很重要；你不要讲没有时间读书学习，那是因为你觉得读书没多大用处，如果你真的觉得重要，你肯定会重视起来。可能每天都有两个声音在召唤你，一个声音告诉你：“来吧，你快觉悟吧。”另一边，有个魔鬼也在喊：“你过来吧，我这边更好玩。”天人交战，一个本我，一个自我，哪个你战胜了另一个你，你就会做什么样的决策。

比如用座机打长途电话，我们都要拨一个区号。0731是长沙的区号，如果我们拨了0371，那就变成了郑州的区号。还是那4个数字，顺序一换，就是天壤之别，这告诉我们顺序的重要性。

我们的人生，也是排序的结果。有些人大学一毕业，认为结婚最重要，于是他先结婚；有些人认为大学毕业以后，结婚不重要，事业最重要，于是先干事业。就是因为存在选择的不同，10年以后、20年以后，人生的状态也就截然不同。

假设你账上现在有200万元，你想如何花费这200万元？是先买房子还是先买车？是先创业开公司还是先学习？是先教育孩子还是先孝敬父母？这笔钱哪一笔先花，哪一笔后花，两年以后，你的人生状况也会完全不一样。时间也是如此，一年365天，你先干什么，后干什么，重点干什么，决定了你的人生将会是什么结果。

五 影响人生的5个节点

当代著名小说家柳青出版过一部报告文学《创业史》，其中有一句话影响了我半辈子，而且还将持续对我产生影响。这句话就是：

> “人生的道路虽然漫长，但紧要处常常只有几步，特别是当人年轻的时候。”

人生的道路，有时候一步踏错了，将会终身悔恨。很多人第一份工作找错了，一辈子都没有找到自己喜欢的行当；有些人爱人找错了，一辈子的婚姻都不幸福。“男怕入错行，女怕嫁错郎”，一步踏错，终身遗憾。

为什么柳青的这句话对我产生了巨大的影响呢？这和我的初中语文老师有特别大的关系。我的初中语文老师是全国特级教师，他在我的毕业留言册上写下了这句话。虽然现在他老人家早已离我远去，但这句话我一直铭记在心头，并时时回想。

人生中，至少有5个节点将会影响我们的一生。

第一个节点，原生家庭。

我们无法选择自己出生的家庭，有些人天生就是含着金钥匙出生的。有的人或许没有你努力，也没有你聪明，但是他所得到的一切都比你好，这都是很正常的。今天有很多人寄希望于下一辈子，寄希望于下一代，但自己当下活明白了吗？此生全力以赴了吗？“此身不向今生度，更向何生度此身？”这一辈子不好好修行，老是期待下一辈子或下一代又有什么用呢？我们要时常想一想：这一辈子活明白了吗？当下活明白了吗？自己全力以赴了吗？

第二个节点，启蒙老师。

中国人为什么如此在乎启蒙老师，很多外国人不理解。启蒙老师，其实源于《周易》里的一个卦，这个卦叫“蒙卦”。蒙卦里面的经典卦辞是“匪我求童蒙，童蒙求我”。“匪”是个通假字，通“非”。这个卦辞的意思是：不是老师求学生来学习，而是学生求着老师主动去学，这样才有教学的效果。为什么现在的教学效果不好？那是因为都是老师在求着学生学习，或者天天说："你不学习不行啊，未来会怎样怎样……"这样做自然是没有效果的。只有学生去求老师，自己求知识、求学问，老师在不愤不启、不悱不发的前提下，给学生点拨一下，这样才会有教学效果——这才是真正的启蒙。

真正的好老师，是当学生提出问题以后，不直接给他一个答案，而是顺着他问的那个问题去寻找问题的源头，让他自己去寻找答案，自己总结出答案，这就叫开启他的智慧之门，启蒙老师的意义也就在于此。但现在能真正起到启蒙作用的老师少之又少，多半是填鸭式教学。学生问什么，他回答什么，而不是带着学生去寻找问题的原点，让学生生出探索之心。"问渠那得清如许，为有源头活水来"，这才是精华。

第三个节点，专业方向。

高中分科时，同学们都知道，学文科还是学理科对以后的发展很重要。就是说，你选哪个行业、哪个专业对人生的发展很重要。当然，如果没能上大学继续深造，中学毕业后就走上工作岗位的，那你找的师父就很重要了。

第四个节点，婚姻。

婚姻对人生的重要性，我相信大家都能理解。很多人就是因为婚姻失败了，导致这一生一事无成。特别是有的女孩子，因为碰到了一个渣男，而且那个渣男纠缠不清，导致这个女孩子一辈子都生活在无尽的烦恼和恐惧当中，甚至还为此付出了生命的代价。同样，很多男人本来可以干一番大事业，因为老婆没娶好，最后一事无成。我们身边有很多这样的例子。

第五个节点，母以子为“贵”。

孩子教育好了，可以让自己再一次迎来高光时刻。

如果原生家庭不好，启蒙老师也没遇到，好师父也没碰到，婚姻又很失败，对小孩的教育又不成功，你这辈子基本上就会郁郁寡欢。

所以，我们要经常对生命进行深入思考，否则就会像爬楼梯，不要已经爬到楼顶了才发现不是这栋楼。谋定而后动，当你还搞不清方向的时候，保持原地踏步也是一种进步。

山西有一个王家大院，今天王家的子孙后代遍布世界各地。我专门研究过这个家族为什么能不断创造奇迹，最后发现，王家和康家一样，都有匾额文化。王家其中一个匾额上写的是“规圆矩方”，仔细观察会发现，“矩”字中间多了一点。其实这是王家家训的精华，意思是要想兴旺发达，就要多一点规矩。只有多一点规矩，才能少一点麻烦。现在有些家庭为什么鸡飞狗跳？因为规矩太少了。有些家庭伦理观念丧失，学西方搞所谓的民主，辈分不明，没大没小，这样的家庭要想成为百年望族也是不可能的。

伏羲、女娲作为中华民族的人文始祖，一个拿的是圆规的“规”，一个拿的是尺子的“矩”，这是老祖宗在告诉我们一个深刻的道理：中华民族永远是讲规矩的，没有规矩不成方圆。一个家要没有规矩，离分崩离析就不远了。今天有很多人把爷爷当孙子，把孙子当爷爷，这样的家族就算再有钱也不能成为名门望族。在我们的传统文化里，爷爷就是爷爷，儿子就是儿子，孙子就是孙子，规矩不能乱，辈分不能乱，否则社会会乱成一锅粥。

神舟飞船之所以能够上天，是先有一个基座，然后下面点火，助推器一节节地往下脱落，把飞船送入太空，最后进入太空的预定轨道。没有助推器，飞船是进入不了太空的，也进入不了预定的轨道。所以，当我们的孩子价值观还不明确的时候，就需要父母把他拉入预定的轨道里。

六 儒家修身之道：格物致知，寡欲自省

儒家特别强调“内圣外王”四个字。“内圣”包含四件事：格物、致知、诚意、正心；“外王”也包含四件事：修身、齐家、治国、平天下。这就是儒家经典《大学》里面的八目。

第一个词就是“格物”。

格物的第一层含义：“格”在这里的意思是“散”，即去掉的意思；“物”在这里的意思是物欲。所以“格物”就是去掉、减少一点物质的欲望，简称“寡欲”。大家注意，是寡欲，而不是禁欲。

很多人不理解，为什么要减少一点物质的欲望呢？因为庄子告诉我们，“嗜欲深者天机浅，嗜欲浅者天机深”。翻译过来就是，如果一个人的物质欲望过强，贪婪无度，必将失去灵性与智慧；相反，如果一个人的物质欲望较少，淡泊

名利，那么他就会拥有更多的灵性与智慧。

为什么很多动物会显得很有灵性？因为动物活得比较简单，除了生存、繁衍、交往三大本能以外，没有太多别的东西。而人除了三大本能以外，财、色、名、权、位，以及贪、嗔、痴、慢、疑，样样俱全。注意观察我们身边的人，有的人看上去傻傻的，不轻易跟别人计较，甚至看上去还不怎么聪明的样子，但他人生的每一个节奏，都踩得很准，到最后儿孙满堂，事业也很成功，这就是老祖宗讲的“傻人有傻福”。相反，有些人很精明，也很会算计，但人算不如天算，“机关算尽太聪明，反误了卿卿性命”，这就是“嗜欲深者天机浅”。所以从现在开始，我建议大家每天都要拿一点时间出来进行总结与自省。儒家特别强调“吾日三省吾身”，“省”（审视）的是什么？第一，“为人谋而不忠乎”；第二，“与朋友交而不信乎”；第三，“传不习乎”。

第一，为人谋而不忠乎。

每天应该反省自己的思想和言行。假设自己是个公务员，在机关单位上班，那就应该每天反省自己：我有没有忠诚于祖国？

第二，与朋友交而不信乎。

朋友两肋插刀来帮助你，你是在利用别人对你的信任，还是以真心换真心？我们身边有些人利用朋友对他的信任，把别人骗到杀猪盘、传销窝点里面去，甚至骗到缅北去卖肾，那么，这种人是不是应该受到道德的谴责、法律的严惩？

第三，传不习乎。

这个“传”和“习”都有两层含义。第一层含义：传，就是老师传授给你的知识；习，就是温习、复习，每天都要想一想老师传授给你的东西，你有没有去“温故而知新”。

第二层含义：传，就是自己传授知识给别人；习，就是预习。比如作为领导，在跟别人分享经验或交代工作的时候，有没有提前做一个预习。如果第二天要给大家开早会或跟某个员工进行谈话，那么前一天晚上是否做了总结和预习？有没有在本子上记录下问题，列一下讲话内容的提纲？第二天不要随便在上面瞎讲，天南海北地瞎侃，这是在浪费员工的时间，是在谋财害命。王阳明的经典著作《传习录》讲的就是这个意思。

“格物”的第二层含义：“格”的第二层含义是区隔，“物”的第二层含义是万物，所以“格物”的第二层含义是区隔万物。中药铺有一格一格的抽屉，把各种药材分得清清楚楚、明明白白。把其中一个抽屉打开，里面也是一格一格的，清清楚楚、明明白白。假设某个抽屉里装的都是姜，但会用格子区分开老姜、子姜、草姜、泡姜，因为每一种姜的药性都不一样。

我现在想问问大家：如果你今年已经几十岁了，在你的脑袋里面有没有像中药铺一样的药材格子，把我们要做的人生事件都区隔好？比如一格装的是生几个孩子，一格装的是如何孝敬父母，一格装着如何学习，一格装着如何养生，一格装着如何做慈善，一格装着如何做企业，等等。这些都应该区分得清清楚楚、明明白白，规划得井井有条。现在很多人的脑袋就像一个装着十几种中药材的抽屉，都是搅和在一起的，没有“格物”，混乱得像一团糨糊。很多人就是这个状况，明年干什么，不知道；后年有什么计划，不知道；孩子准备往哪个方向培养，不懂，每天稀里糊涂的，如同猪八戒脚踩西瓜皮——溜到哪里算哪里。这样的人遍地都是，一点也不懂得如何“格物”。

所以，我们要让孩子从小就养成把家里面弄得整整齐齐、干干净净的习惯，因为这是“格物”的其中一种训练方法。为什么部队里的士兵要把被子叠得整整齐齐？哪个地方放生活物品，哪个地方放衣服，都要清清楚楚、明明白白，这样做的目的是训练士兵做事要条理清晰。如果我们看到一个老板办公桌上的物品乱七八糟一大堆，我们就知道，他的脑袋瓜应该也是这样混乱的。如果我们去别人家，看到主人的衣柜里乱七八糟，该放上衣的地方放裤子，该放裤子的地方放袜子，那这家主人的思路大概率也是不清晰的。各位女同胞也可以打开自己的手提包看一看，如果包里面乱七八糟的，口红、纸巾、钥匙、钱包、丝袜什么都有，外表虽然打扮得很漂亮，但家里却没法看，这些就代表她的“格物”思维很差，思路乱如麻。

如果一个人真正具有“格物”思维，不要说三年疫情了，就是再来五年的饥荒，他都不会饿死，因为他懂得“留余”，懂得“格物”的重要性。那些“今朝有酒今朝醉”的人，脑袋里面是没有“格物”概念的。

七 新时代的齐家之道

西方认为人文社会的最小单位是个人，而中国认为人文社会的最小单位是家庭。中国人看到别人成功了，不会说是因为你很努力，只会说你祖上积德；中国人骂人，不会直接骂本人，只会骂他没家教。所以我们走到任何一个地方，代表的都不仅仅是个人，还代表着自己的家庭和家教。所以，请注意自己的言行。

“齐家”的“齐”是心齐，“家”是家族。怎么来“齐”这个家呢？很多人把“一代富，三代贵”这六个字翻译成：一个家族，只要有一代人富裕了，几代人都跟着“贵”起来。这是绝对错误的。真正理解了这六个字以后，应该将其翻译为：一个家族要想成为富裕的家族，也许通过一代人的努力就可以实现；但是，一个家族要想成为贵族，必须通过多代人的努力方可实现。有很多家族本来一贫如洗，但是经过一代人的奋斗，就富甲一方。改革开放几十年来，这种现象屡有发生。但是很多人虽然有了钱，地位也高了，但只是富，而不是贵，真正的富贵是要经过时间累积的。

一母同胞的兄弟，为什么有的成功了，有的没有成功呢？这是因为除了家庭背景之外，还需要个人的修行。但是，正因为我过得比较好，我和你又是亲兄弟，因此我有责任和义务帮你“齐”（齐家）起来。

在中国古代，一个人混得好不算好，因为只要家族里面出了一个败类，结果很可能就是满门抄斩，株连九族，全族人的脑袋都不保。家族里面如果有个兄弟混得不好，你又一直不照顾他，假设你家有两个儿子，未来有一个成功了，一个没成功，成功的那个也会和你一样，不去照顾那个不成功的，你的家族也就富不过三代。如果你家有三个兄弟，你成功了，另外两个没有成功，你主动地照顾好另外两个人；那么假设你有三个儿子，只要有一个儿子成功了，他也会像你一样，自然而然地去照顾另外两个人。这样的家族，才有希望成为名门望族。在中国古代，自己混得好了，还要看看自己身边的人有没有被照顾好，家族里的人有没有以你为榜样，有没有向你看齐。否则，你混得再好，也有可能身家不保。

八 修行精进成就人生

“宁断千江水，不动道人心。”别人正在那好好学习，你在他面前走过来、走过去，就是动了别人修道的心，这样的因果，你是背不起的。女同胞去那些宗教场所的时候，为什么不能穿得花枝招展呢？那是因为很多人在那里修行，如果你穿得花枝招展的，很可能会动了别人修行的意念。

佛家经常用到的一个重要的修行方法，可以让很多人瞬间开悟，这个方法就是“棒喝”。“棒”就是打，“喝”就是骂。很多人开不了悟的原因，就是没有人打，也没有人骂。愿意打你的人是父母，愿意骂你的人，还是父母。待人到中年，父母已经打不动、骂不动了，就只能靠自己去悟了。

推荐一本书给大家，叫《商道》。这本书是韩国作家崔仁浩所创作的小说，封面上有以下这句话：“财上平如水，人中直似衡”。如果你想做大商人，就必须好好研读这本书。

这本书后来被拍成了电视连续剧，说的是朝鲜王朝第一商人林尚沃的故事。林尚沃之所以能成为朝鲜王朝的第一商人，是因为他碰到了一个好师父，在关键时刻，师父能棒喝他、提醒他，最终成就了他。

如今很多人，当他得到一点成就，尾巴要翘起来的时候没有人棒喝他，让他清醒；当他遇到一点挫折，要放弃的时候，没有人棒喝他，让他继续鼓足勇气，不要自暴自弃。因为缺少这样一个能棒喝自己的师父，所以这些人的人生从此急转直下。想象一下，人到中年有房有车，账上有存款，尾巴要翘起来的时候，身边有一个师父能打醒你、骂醒你，告诉你不要高调，你这个不算什么，从而让你变得清醒，这是多大的福报啊！

有很多父母是真的糊涂，不希望自己的孩子吃亏，也不希望自己的孩子受苦，但又希望自己的孩子过得比别人好，希望自己的孩子成功，这怎么可能呢？寻常人家的孩子怎么可能会有这么好的命？所以你一定要知道，人生该走的路一步也不能少，该读的书一本也不能少。这个世界上，没有白读的书，也没有白走的路，能明白这个道理就够了。儿孙自有儿孙福，我们不可能解决孩子遇到的所有问题，孩子们各有各的人生之路，各有各的因果，也各有各的福报，我们做好自己就行了。

现在有很多家长都在杞人忧天，天天想着应该怎么培养孩子。其实，要想把孩子培养好，做好自己就行了，孩子都会看在眼里，跟着家长去学的。如果你自己从来不学习，又希望孩子学习，你自己玩游戏，却跟孩子说："好好学呀，不能玩手机。"有些家长，自己这边看着电视，嗑着瓜子，那边要求孩子做作业，不准看电视，这怎么可能培养得好孩子呢？

前段时间，我碰到一个人，他说："老师，我烦死了。我的孩子不听我的话。"我看着他有两三分钟，然后说："他不听你的话，是你们家祖宗烧高香烧的啊。如果他听你的话，你们家直接完蛋。历史的每一次进步，都是因为下一代不听上一代人的话。"当然我不是劝诫各位子女一定不要听父母的话，子女千万不要跟父母对着干。你的父母如果是有水平、有境界的，你必须听他们的话；但如果你的父母人品不行，又不上进，那你绝对不能听他们的话，因为他们已经成为你前进的阻碍了。我们要一分为二地看问题。

没有累世修行的慧根，再好的老师、再好的师父，也没有办法为你打开智慧之门。修行者讲求有没有“根器”，有的人根器锐利，有的人根器迟钝。

六祖慧能一个字都不认识，为什么能成为中国的禅宗呢？虽然他不识字，但并不代表他没有智慧，这就是我们经常讲的“宿慧”。我们身边有些人虽然学历很低，但是他看到什么或听到什么，就知道这个事情能做还是不能做。哪怕他下面有个博士生跟他汇报，他根本听不懂那些专业问题，但他只要一听，就知道这个项目能行还是不能行。这种老板虽然没有知识，但是有累世的慧根在。

其实，有的时候不需要语言的传递，大家就可以心领神会。夫妻之间相处的最高境界就是默契，每件事情都要跟对方讲得清清楚楚、明明白白，真的没必要。孩子若跟父母存在感应，不需要父母教就知道怎样做到光宗耀祖，这种状态就是默契，就称孩子懂事。我师父为什么最喜欢我？因为我懂事。比如去年他讲的这件事情，今年还会继续讲一遍，我的那些师兄这时会提醒师父：“师父，这个您去年已经讲过了。”但我从来不讲这种低级的话，师父每次讲，我都是像第一次听一样，那师父就喜欢我，好东西都给了我一大堆。我也会老，说不定有一天，我去年讲过的，今年也会再讲一遍。不懂人情世故，你的人生将缺少很多快乐和机会。

第一，因果不可改；第二，智慧不可赐；第三，真法不可说；第四，无缘不能渡。这些事情，释迦牟尼佛都做不了，你能做吗？所以我们只去渡那些有缘之人，有缘之人尽力了就好。很多老板会发现，有时想帮员工一把，但员工自己都不想改变命运，老板也拿他没办法。你的家族里面是不是也有这样的人？你本来想帮他一把，结果他自己都不努力，不求上进，就想躺平，你能怎么去救？所以我们应该把主要精力放在那些求上进的、能够理解我们的、跟我们有缘的人身上去。不是每个人，我们都能渡的。

有一次我在福建泉州演讲完，现场一位老太太就举手了，她说："老师，你说中华民族伟大复兴很快就要来临了，那你能不能告诉我什么时候实现呢？"我说："非常简单，要想中华民族伟大复兴来得快一点的话，就要拿出中华儿女热爱中华传统文化的态度和精神，不要再出现像当年中国人去日本排队买马桶盖的那种场景。"我的意思是，要想早日实现中华民族伟大复兴，就必须让外国人认同我们的价值观，就是要将中华民族的价值观输出给全世界。而要进行价值观的输出，我们自己首先要对中华民族传统文化充满激情和热情。如果我们自己都对中华传统文化不认同，别人又怎么会认同呢？

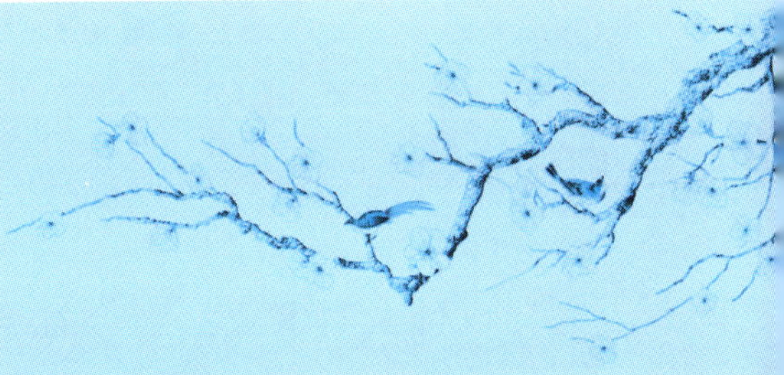

伍

事业篇：为天下苍生谋福利

一 为天下苍生谋利

什么叫事业？当今社会对于“事业”二字的理解，往往以地位、财富等为评判标准，认为干事业就是挣钱，做生意、有营生，这其实都是片面的理解，都是极其肤浅的认识。财富只是事业的一种表现形式，它不能等同于事业。那到底什么样的人干的事才叫事业呢？《周易》中给出了衡量事业的标准：

形而上者谓之道；
形而下者谓之器；
化而裁之谓之变；
推而行之谓之通；
举而措之天下之民，谓之事业。

符合这个五个标准的就叫事业，否则只能叫养家糊口。

“道”“器”“变”“通”“天下之民”尤为重要，也就是说衡量一个人从事的是不是事业，要看是否符合这五个标准。

首先，要知道“形而上”指的是什么。“形而上”指的就是抽象的、不具体的事物，这类事物统统归于“道”。凡事皆要入道，经商有商道，从政有官道，学医有医道，做人还有做人之道。这个“道”就是世间的基本规律，它是客观存在的。所以，一个人的所作所为，是不是在“道”上很重要。虽然我们身边很多人有钱、有权、有名，但他不在道上，那都不能叫事业，那叫歪打正着。

其次，要知道“形而下”指的是什么。“形而下者谓之器”，具体的、看得见且摸得着的事物叫作“器”。“器”是指你在道上的工具、方法。“工欲善其事，必先利其器。”现在已经是信息时代了，如果还活在过去，不懂得使用新的方法和工具，便很难成就事业。

再次，“化而裁之谓之变”的“变”是指懂得随机应变、与时俱进，也就是懂得持经达变。不管外部环境再怎么变，一个人始终凭着良心做事情，就一定会有所成就。也许你会说，现在凭着良心做事的人多半过得不好，那我只能说，你的维度还很低，只看到了人道，还没有上升到天道。真正凭良心办事的人，把时间维度拉长一些，他是不可能吃亏的，因为“人恶人怕天不怕，人善人欺天不欺”。

最后，“推而行之谓之通”是说不管什么事物，“道”也好，“器”也罢，再怎么随机应变，归根结底还要行得通才行。“通”指的是你的道、方法、工具能否行得通。想法、计划有了，能不能落地，能不能行得通，这个很关键。现在很多人满脑子都是计划，但是能落地的有几个？这都叫“屠龙之技”，天天想着要屠龙，但是从来没见过龙。很多人认为自己有道又不缺方法，也懂得如何变化，可是，如果行不通的话，与《庄子》中提到的没有实际用处的“屠龙之技”又有什么分别呢？

《庄子·列御寇》中讲：“朱泙漫学屠龙于支离益，单千金之家。三年技成，而无所用其巧。”“屠龙之技”后来用来形容技术高超且先进，然而却没有什么实用价值。

等到前面的问题都解决了，能够确保“道”和“器”都落地执行之际，还要“举而措之天下之民”。这一句点破迷局，告诉世人不应常怀私心，盘算自己的“一亩三分地”，而应为天下苍生谋福利。所作所为若能上升到这样的境界、格局和高度，才能称之为事业。

“举而措之天下之民”是指你的行为要为天下苍生谋福利，用孔子的话讲，就是“己欲立而立人，己欲达而达人”；用毛主席的话讲，就是“为人民服务”；从共产主义事业的角度来看，就是“我为人人，人人为我”。

《周易·坤》里有一句话：“君子黄中通理，正位居体，美在其中，而畅于四支，发于事业，美之至也。”大意是说：黄色是中央之土的颜色，代表内心，君子的内心通晓天理，居于正中的位置，内里美好，通畅和发散于肌肤、四肢及所作所为，于是达到最美好的境界。隋唐之际的经学家孔颖达在其注疏中解释“事业”一词时，所说的“所营谓之事，事成谓之业”，进一步指出了“事”与“业”的联系，清晰地阐释出了：将一件事情从最初的策划、构思，到中间过程的运营管理，直到最后的成功与坚守，就是事业。

综上所述，“事业”的意思正如《现代汉语词典》所归纳的：人所从事的，具有一定目标、规模和系统的对社会发展有影响的经常活动。有的人做事业，是为了帮助别人，就像那句“举而措之天下之民”所说的，他心怀天下，情系万民；有的人做事业，却是为了满足一己之私欲。帮助别人的人，格局愈大，眼界愈高，成就亦愈大；反之，心里只有自己的人，犹如绝路于途，不仅自己不能顺风顺水，还可能给别人带来不可估量的伤害。

在广东，有家企业叫“李锦记”，是一家百年企业，现在已经传承到第四代了。他们的企业文化中有一条，叫“思利及人”，就是提醒大家：当你想到利益的时候，你有没有想到别人？

去过泰山的人都知道，古代帝王将相去泰山封禅（祭祀天地），必须先到泰山脚下的岱庙参拜，而且参拜前要先沐浴更衣，在庙里拜完泰山神后才能去泰山山顶。岱庙里有一副牌匾，叫“大德曰生”，意思是天地最大的恩德是为人类和各种生物提供了生生不息的环境。

《论语》里有一句话：“己欲立而立人，己欲达而达人。”意思是有仁德的人，自己想立身，也让他人立得住；自己想事业通达，也让他人行得通。这是在告诫我们，要反思自己有没有做到毛主席讲的“为人民服务”，有没有做到“我为人人，人人为我”。

如果你能做到《周易》所说的五个标准，那么恭喜你，你干的是伟大的事业，否则，你只是在赚点小钱养家糊口。

很多人问："老师，我怎样才能做好自己的事业呢？"接下来告诉你方法。要想家业长青，必须把能力升华成能量。这里面有两个词很关键：一个是能力，一个是能量。能力是可以通过学习得来的，能量必须通过修炼才能得来。"修炼"用时下最流行的话讲，又叫"体证"，就是要自己去体验、去求证，这样得来的东西才是自己的东西。

在中国历史上，有一位伟大的诗人叫陆游，现存世的诗词有9300多首，是除乾隆皇帝以外，中国历史上留下诗篇最多的一位诗人。陆游有一句诗很有名："纸上得来终觉浅，绝知此事要躬行。"这就告诉我们一个深刻的哲理：我们不仅要读有字的书，更要读生活这本无字天书。有些人虽然取得了博士学位，但是学的那些东西都是书上得来的，没有自己去体证。

当今这个时代，很多人身上出现了一种毛病，这种毛病就是"偷来的境界"，你跟他讲什么，他似乎这个也会，那个也懂，但没有一样是自己体证过的。这样的人看似很高深，但遇到真正要解决的问题还是处理不了。人生唯有经历不可复制，自己经历过的东西，别人没办法复制。比如上过战场的人跟没有上过战场的人，对生命的理解就不一样，对祖国的感情也不一样。

二 影响家族能量的三大力量

要想家业长青，有三大能量影响人的一生。

第一，体能。

体能，就是身体健康，体力充沛，精力旺盛；古往今来，凡是能够成就一番伟大事业的人，即便是身体残疾，但都会有一个共同的特性：精力旺盛，身体好。我们会发现，只要身体好，你就会有绝对自信，从根本上“藐视”一切竞争对手，但身体垮了，就一点自信心都没有了。大家一定要记住：没有好的身体，一切都会烟消云散。身体不好的时候，建议不要轻易作决策，就算作出了决策，这种决策也是不全面的。

拥有健康的体魄，早已是一个全民性的话题。几乎人人都会把类似“身体是革命的本钱”的话挂在嘴边，也经常会在听到那些“钱在银行，人在天堂”的惨痛例子时沉思良久。可见，健康是人类关注的焦点问题之一。

一个人如果想成就一番事业，一定要有强健的体魄。毛主席1917年在《新青年》上发表了一篇名为《体育之研究》的论文，他指出，我们要“文明其精神，野蛮其体魄”。

伟大领袖毛主席71岁时还能在湖北武汉横渡长江；邓小平同志75岁时，还能在安徽黄山徒步。大家要永远记住：没有好的身体，一切都会烟消云散。所以《大学》这本书里面有一句经典的名言：“仁者以财发身，不仁者以身发财。”

一个真正开了智慧的人，一个有仁德的人，他一定会让所有看得见的财富为自己的身体更健康而服务，同时让自己的心灵更美好，让自己的道德更高尚，这就叫“以财发身”。只有那些不仁不义的家伙，那些没有入道的家伙，才会透支健康，去赚取那些看得见的、有形的物质财富，这就是“以身发财”。

反思一下自己是不是一个不仁不义者。透支健康挣钱，即使最后挣到钱了，但没有福气享受，有必要吗？把身体搞垮了，就赚了那两个钱，不如慢慢悠悠地赚钱。所以你不要把这一代甚至下一代人的钱都赚完了，慢一点赚，身体好一点，享受一下美好的生活。不要到该享受的时候，这里也不行，那里也不行，什么都不行了，最后带着遗憾告别人生。

第二，心能。

心能，就是心理健康，胸怀宽广，精神强大。人与人之间真正的较量是心与心的较量，建议大家一定要学一学王阳明的心学。

我们知道五脏里面的“肝脾肺肾”都有“月”，这里读“ròu”，因为都是肉做的。大家应该听说过安徽九华山有多位高僧在圆寂之后身体不腐烂的故事，他们被人尊称为“肉身菩萨”，其实应该是“月身菩萨”。那为什么五脏里面的“心”没有“月”字呢？英语把“心”翻译成 heart，只能理解为“心脏”，不是中国人所指的“心”。中国人一般在“心”后面加一个字，读作“心灵”，代表心是能穿越时空的。你现在读我这本书，代表你的心在这里，你离开了这本书，“心”就死了。所以，我们学王阳明的心学，如果不把这个“灵”字加上，那就是连心学的门都没找到。

毛主席的心能无比强大。他 16 岁时，在湖南湘乡市的东山高等小学堂（现在的东山学校）读书，他的老师让大家写一首诗。他走到学堂里面的一个池塘边，看到一只青蛙，于是写出了《七绝·咏蛙》这首诗：“独坐池塘如虎踞，绿荫树下养精神。春来我不先开口，哪个虫儿敢作声？”在这首诗里，一只普通的青蛙，被毛主席写出了老虎的霸气。因为他心中有老虎，所以看青蛙都是老虎。

当年我的老师就讲过：“同样的一件事情，发生在不同的人身上，效果完全不一样。”假如当年有人和牛顿同处在那棵苹果树下，牛顿能发现万有引力，但其他人未必能发现。再比如有些人看了我这本书，立志要把家族打造成百年望族，而有些人看了我这本书，我还是我，他还是他，一点改变也没有。

“重为轻根，静为躁君”出自老子的《道德经》第二十六章。静，可以把它理解成宁静；躁，可以把它理解成浮躁、急躁。宁静能掌控浮躁、急躁，能做浮躁、急躁的君王。所以言外之意就是，每一个人都要修炼那份宁静的力量。诸葛亮在《诫子书》里面有两句话：“非淡泊无以明志，非宁静无以致远。”意思就是你想要自己走得更远，就必须静下来。

“每临大事有静气，不信今时无古贤”，这副楹联由清朝三代皇帝的老师翁同龢所写。任何一个人要想干一番伟大事业，必须有宁静的气质。现在很多人炒股票亏了一点钱，就想跳楼自杀；爱人有点风吹草动，就吃不下饭。这个样子，不就中了别人的下怀吗？你越是像没事人一样，表现出一点感觉都没有，越能掌控局面。

“重为轻根”，重，就是往下沉的力量；轻，就是往上浮起的力量；根，就是根本。一阵风刮过来，怎样才能不让风把树刮倒？那就是树根往下扎得越深，树干越安全。现在很多人只知道往上浮，却不知道往下沉。厂房盖得越来越漂亮，别墅建得越来越豪华，车子买得越来越高级，但你的德行有没有越修越厚？厚德才能载物。

今天很多人的物质财富飞速发展，德行却没有往下扎根，“德不配位，必有灾殃”。学习貌似耽误了时间，其实是在帮助你往下扎根。

第三，慧能。

慧能，就是充满智慧，就是进行知识、经验与智慧的沉淀，能通过现象看透事物的本质。

一个打开了智慧之门的人和没有打开智慧之门的人，两者散发出来的能量级别是不一样的。有些人活得很通透，但有些人一直都是懵懵懂懂，天天纠结——纠结这个，纠结那个，最后就是纠结的一生。“天下本无事，庸人自扰之。”有时候需要快刀斩乱麻，轻装上阵，否则就是下雨天披稻草——越背越重，最后把自己压垮。很多人问我为什么每天这么多事情还能保持斗志昂扬的状态，我告诉他，脑袋简单一点，不要有那么多杂念，不要每天有那么多执着的妄想。过去的事情已经过去了，想那么多干什么呢？未来的事情还没有发生，想那么多有什么用呢？我们把战略制定好就行了。每一个当下，点点滴滴积聚成人生的每一刻。

今天很多人看不到事物的本质，都是在“表象”中徘徊。“智慧”就是宇宙实象，即宇宙的本来面目。有智慧的人，能够根据表象看到实象。

春天来了，百花齐放，很多蜜蜂和蝴蝶来采蜜。表象是蜜蜂和蝴蝶不断采蜜，实象是蜜蜂和蝴蝶在给花朵传播花粉，繁育后代。蜜蜂和蝴蝶一旦消失了，这些花朵就会全部死亡，我们就再也看不到百花齐放的美景了，整个生态链就断了。

孩子的语文成绩不好，所谓的记忆力不好、上课没认真听讲是表象，实象有可能是不喜欢这个语文老师。一个孩子只要喜欢、崇拜那个老师，他的成绩一定会慢慢变好。现在很多家长都不崇拜老师，只崇拜有钱的人，孩子成绩不好的原因看来还是出在家长身上。

要想家业长青，必须无条件地提升生命能量。而生命能量体现在三个维度上，形成一个公式就是：生命能量=生命的长度×生命的高度×生命的宽度。

第一，生命的长度。

正常情况下，年龄越大的人，能量越大。我们常听到“家有一老，如有一宝”“不听老人言，吃亏在眼前”“姜还是老的辣”……毛主席还讲过“老人知事百事通”。比如老人让你这样做、那样做，你就跟他对抗，总觉得自己与老人无法沟通，跟他们有代沟，那么建议以后不要再有这种思想。

纵观中华大地，不管是在部队里面，还是在商界、政界、文艺界、科学界，也不管是在国内还是国外，那些掌握核心资源的人都是年龄相对比较大一点的人。如果一个年轻人和年龄大的人无法沟通，而年龄大的人又掌握了核心资源，那请问，年轻人怎样才能站到年龄大的人的肩膀上去呢？怎样才能让那些年龄大的人愿意伸出援助之手？怎样才能轻松超越同龄人？

所以，年轻人没有资格跟年龄较大的人讲“有代沟”，否则就会错失很多良机。真正有智慧的年轻人，会让年龄大的人一看见他就喜欢他，愿意帮助他，愿意把手上的资源向他开放。可能你解决不了的问题，年龄大的人一个电话、一封信就可以帮你解决了。

这些道理，如果孩子到了 20 多岁再去了解就已经晚了，最好是在孩子还只有 10 岁左右的时候，就经常带他去大人堆里了解这些人情世故。比如他看到爸爸今天先向一位老者敬酒；上次爸爸坐在那个位置上，这次又换了个位置；等等。慢慢地，随着他们年龄的增长，大人一说话，他就会知道大人想干什么。只有这样才能超越现有的心智，与一些资源做好无缝对接。

第二，生命的高度。

我们为什么要学习与修行？因为只有这样，才能不断提升自己认知宇宙的高度与维度，才能触及中华传统文化的内核——天人合一。

第三，生命的宽度。

生命的宽度就是我们常说的“见识”。王安石说：“不畏浮云遮望眼，自缘身在最高层。”

很多人虽然学历不高，但是他们见多识广，照样干出了一番伟大的事业。比如温州和潮汕的商人，他们很多从小就跟着父母四处闯荡，见识过很多的人和事，从而增加了生命的宽度，然后才把生意做到了全世界。我建议大家一定要多去各地走一走，增长自身的见识。

三 吃苦就是吃补，苦尽才能甘来

很多人为什么刚开始的时候优哉游哉，过得挺好，但后来越来越退步了呢？没有别的原因，就是忘了“初心”。如果你想把企业打造成百年老店，想把家族打造成百年望族，我告诉你一个简单明了且易操作的方法。

人生有四种状况，看看自己到底属于哪种。

第一种人，苦尽甘来。

出身比较贫寒，但是通过自己的努力与拼搏，现在的人生达到了一个美好的状况，这叫苦尽甘来。这种人在这个世界上占大多数。

第二种人，苦尽苦来。

这种人有着悲催的人生，一个灾难接着一个灾难，一个痛苦接着一个痛苦，一个倒霉接着一个倒霉。世界上有这种人，但是少数，这种人是苦命人。

第三种人，甘尽甘来。

人生最期许的状态就是甘尽甘来。出身很好，含着金汤匙来到这个世界，自己又很争气，把一手好牌玩出了花样，一个高潮接着一个高潮，一个高光时刻接着一个高光时刻，最后在父辈的基础之上，比上一代做得更好。这种状况是人人都期许的。

第四种人，甘尽苦来。

其实最悲催的是甘尽苦来，含着金汤匙来到这个世界，但是一手好牌被自己打得稀巴烂，成了一个败家子。最后不仅将家产败得精光，自己也一事无成，含恨而死，这是最悲催的状况。

如果你的父母已经给你创造了相对不错的条件，但你不站在你父母的肩膀上创造更伟大的奇迹，将来便会是甘尽苦来的生活在等着你。这个“苦”字，大家一定要用心领悟。

康家有一个观点：“吃苦就是吃补。”我把这个“苦”字刻在了夏令营训练基地。很多人可能不理解，其实我的目的是让所有小朋友每天经过的时候，必须踩着这个“苦”字前进。所谓“良药苦口利于病”，但今天很多家庭最大的问题就是已经不能吃苦了。所以，谁能重新找回艰苦奋斗的作风，谁能吃得了苦、耐得了劳，这个家族或这个行业，又可以重新崛起了。

三百六十行，任何一个行业都可以重新崛起，前提是要用良心去做。不是餐饮行业不好做了，而是卖地沟油的不好做了；不是医药行业不好做了，而是卖假药的不好做了；不是教育培训不好做了，而是靠忽悠、“割韭菜”的不好做了；不是房地产不好做了，而是豆腐渣工程不好做了。

不管你做什么行业，只要凭着良心做，一定能够迎来高光时刻。所以不要怪行业不好做，凭着良心去做，每个行业都一定会越来越好做。

修禅宗的人都知道，禅宗里面有八个字非常精辟——

“大事未明，如丧考妣”。“丧”是死的意思，“考”是指父亲，“妣”是指母亲。这八个字的意思是说：如果一个人没有把大事搞明白，应要像失去父母一样难受才对。但今天最可悲的是，大多数人根本没有去思考大事，也没有把大事搞明白，整天嘻嘻哈哈的，没有一点难受的心情。这样的人生，未来能幸福吗？

老祖宗千百年来分门别类、约定俗成的大事，诸如“国家大事”“生死大事”等，其实是想告诉我们，人一生中会经历各种各样的事情，但真正能够成为大事情的少之又少，总共就那么几件。但现在最大的问题是，大多数人把大部分的时间、精力和资源都放在鸡毛蒜皮的小事情上，从来没有集中精力去办大事，这就是问题的症结所在。

禅宗里面还有八个字也很精辟——“大势已明，如丧考妣”。前面提到了“大势未明，如丧考妣”，那为什么明白了生死大事，明白了婚姻大事，把所有的大事都已经搞明白了，还要像失去父母一样难受呢？

民国的弘一法师，也就是李叔同，在出家之前已经成绩斐然，不仅是音乐家、美术教育家、书法家、戏剧活动家，还是中国话剧的开拓者之一，我国著名漫画家、文学家、散文家、翻译家丰子恺也是他的学生。38 岁那年，他来到杭州虎跑寺剃度出家，法号弘一。出家之后依旧成绩斐然，成为律宗的一代高僧，一个人活出了几代人的风采。他在圆寂时写了四个大字“悲欣交集”。大师已去，所以大家不能明白他这四个字的真正含义，但是现在普遍的解释为：弘一法师知道自己要圆寂了，“悲”的是这个世界上还有那么多人在苦海中徘徊，“欣”的是自己要离开这个苦海了，将去到一个新的世界继续修行。

当代的得道高僧妙湛法师圆寂于福建厦门南普陀寺，他的舍利安放于福建武夷山，舍利塔上刻着这样一句话，让我印象很深刻：“勿忘世上苦人多。”

所以“大势已明，如丧考妣”的意思是指，自己把生死大事搞明白了，脱离了苦海，但世上还有那么多人在苦海中徘徊，在迷茫中挣扎，慈悲心油然而生，也像失去了父母一样难受。

陆

家风篇：良好的家道家风让家族人才辈出

一 家道家风是一个家族世代传承的重要力量

孟子曰："天下之本在国，国之本在家，家之本在身。"中华文化源远流长，家国一体，长幼有序，牢记家训，则生生不息。

"家道"即家庭道德规范，是指家庭或家族赖以成立与维持的规则和道理。

"家风"即门风，是一个家庭或家族多年来形成的传统风气、风格和风尚，其主要包括家德、家教、家规、家训、家谱等内容。

家道是根本，家风是外延。随着社会的发展，在万千家庭中形成了各种成文或不成文的家道家风。每个家庭或家族的家道家风虽然内容不尽相同，但在治家上都有着行孝、守法、懂礼、勤俭等核心思想，在调节家族矛盾、促进家庭和睦、维护社会稳定等方面发挥着不可替代的作用。

中国历代的家训、家诫显示，家道家风大多推崇“以仁为本”的治家理念，即宽、信、恭、惠等做人的品德，培养人们远大的理想和高尚的情操，教育人们要想修身就要先修心养性的道理。优秀的家道家风，承载着一个家庭或家族的生活方式、教育方法、做人理念，以及文化氛围等，形成了一个家庭或家族独特的风格，是家族或家庭走向兴旺发达的重要标志。可以说，养成良好的家道家风，对一个家族的影响显而易见。

一个家族要想做百年望族，这个家族就必须有良好的家道家风。只不过有的家族的家道家风是歪门邪道，是不正之风，而有的家族的家道家风是康庄大道，是正义之风。

“家道”就是一个家庭或家族选择走哪条路，而家风就是一个家庭或家族的风气。孟母为保家风纯正，为孟子成长创造良好的环境，三次搬家，才让原本游手好闲、不思进取的孟子刻苦攻读，成为我国历史上有名的思想大家。晚清圣人曾国藩对子女要求严格，不允许他们高人一等，提倡节俭持家，因此他的子女都成了对国家有用的人才。良好的家道家风，是家族兴旺、人才辈出的必备条件。

“家风”承载着中华民族的传统美德，是家族无形的精神力量，是培育家族情怀的肥田沃土。“家规”彰显着家族立身处世的行为准则，是祖辈修身齐家的宝贵经验，是兴家立业的核心价值观。“家训”传递着祖辈对子孙的期盼和训诫，是家族的精神纽带和传家之宝，是后辈继往开来的不二法则。“家谱”凝聚着家族的来龙去脉和兴衰成败，是一部波澜壮阔的家族史书，是血脉相通的力量源泉。没有家风、家规、家训、家谱，其家族就失去了延续家业的环境、处事待人的规矩、教育子女的标准，家族就如无源之水、无本之木，无法继承家族传承的力量和孝道教育的根基。

家风是一个家庭或家族在世代传承中形成的一种道德操守、处世原则、为人之道、精神风貌和行为风尚。所以，家风是一个家庭和家族一代又一代传承下来的良好品德与风气。我们每个人都生活在一个家庭中，家风的好与坏，对于孩子的成长有着非常重要的影响。生活中也不乏这样的人，父辈们有名有望，然而由于不重视家风家教，最终致使后代走上了曲折、灰色甚至违法犯罪的道路，这样的教训是非常沉痛的，给人警示和深思。

二 曾国藩家族的家风家训

只要讲名门望族，就一定绕不开曾国藩家族。曾国藩家族的家风家训强调修身、齐家、治国、平天下的理念，特别注重培养家族成员品德、学问和礼仪等方面的素养，对后世产生了深远的影响。

曾国藩家族从他开始到现在，已过去了 200 多年。2023 年 11 月 26 日是曾国藩诞辰 212 周年，我专门到他的老家湖南娄底双峰县荷叶镇的涤生书院（曾国藩号涤生）讲了一堂课。到 2023 年，曾国藩已经去世 150 周年了。在他去世后的这 150 年里，他的后代没有出现一个纨绔子弟，没有出现一个败家子。现在他的后代分布在全世界各个领域，其中名人就有 260 多人。所以，他被誉为千古的半个圣人。他写了三本书，我建议大家买回去好好学习一下。

第一本书，《挺经》。《挺经》是一本专门教大家如何修身的书。曾国藩有一句经典名言："凡事皆有极困难之时，打得通的，便是好汉。"曾国藩告诫子孙后代，任何事情都有可能遇到极其困难的时刻，很多人会放弃，但如果你能够咬紧牙关，即使打掉牙齿和血吞，也坚决不服输，那么不论千辛万难，熬得住的，就是出众与成功；熬不过的，则是出局与失败。一个人的成功并不是一蹴而就的，而是一步一步熬出来的。曾国藩就是凭着这样一种不怕打硬仗的作风，打败了太平天国。

第二本书，《曾国藩家书》。这本书是专门教我们如何齐家的。曾国藩公务繁忙，但依旧给自己的子孙后代写了1000多封家书。试问，你给孩子写了多少封信？又发了多少条短信或微信呢？曾国藩写信，都是鼓励孩子怎么修身、齐家、治国、平天下，你发的信息都是责备孩子成绩为什么考得这么差，这样能鼓励孩子向上奋进吗？

第三本书，《冰鉴》。这本书是教我们如何治国平天下的。曾国藩以自己一辈子的人生阅历写出了这本书，告诉我们怎么看人、识人、用人、育人。曾国藩有一个本事，那就是任何人只要坐到他面前，他盯着看三到五分钟，就可以给对方下人生断语——你这辈子做官会做到什么级别，你的人生结果会是什么样的。历史已经证明，他写过的断语，几近不差。比如，《冰鉴》写得很清楚，“邪正看眼鼻，真假看嘴唇；功名看气概，富贵看精神；主意看指爪，风波看脚筋；若要看条理，全在语言中。”大家识人用人的时候可以以此作为借鉴。有时候，看错一个人，会让你悔恨终身；有时候，看对一个人会让你轻车熟路，平步青云。

我们都知道，康家之所以能够连续富裕十三代、兴盛四百多年是有原因的。我个人总结为一句话：“求财虽赖于万物，妙用全仗乎一人。”意思是你挣钱的时候会有天时、地利、人和等各方面的原因，但是做生意的核心还在于人——人对了，事就成了。一家公司老是亏损，换一个总经理，也许就盈利了；战争中老是打败仗，换一个统帅，也许就能打胜仗。所以，事在人为。

曾国藩家族能够如此璀璨夺目，那是因为他的家族有好的家风家训。比如交朋友，我们经常讲这样的话：“广交天下朋友”“多一个朋友，多一条路”“朋友多了，路好走”。反思一下，朋友真的是越多越好吗？真的是多一个朋友就多一条路吗？有时候多一个损友，可能把自己的命都卖了。所以，交朋友也要看交的是什么朋友。曾国藩在家训里面教育子孙后代："一生之成败，皆关乎朋友之贤否，不可不慎也。"曾国藩是在告诫子孙后代，一个人这一辈子到底是成还是败，很大程度上要看身边的朋友是否贤德。曾国藩没有讲要多交朋友，而讲的是交友要慎重。

孔子把朋友分为两种：一种是益友，另一种是损友。益友有三：友直、友谅、友多闻；损友有三：友便辟、友善柔、友便佞。

假设你生病了，需要打点滴，药瓶的位置一定要比手高，这样药瓶里的药水才能输进身体里，如果药瓶的位置比手低，就会回血。这个药瓶就代表你身边的朋友，身边都是高人，你便是与高人为伍，就一定能从他们身上学到东西。但众生愚昧，无数人都不愿意身边的人比自己强。很多人会觉得，自己跟这些高人在一起，会显得自己没能力、没面子、没有存在感。所以，很多人都愿意换一个圈子，让身边的人不如自己，这样他就能找到优越感、存在感与获得感。

你想过这样一个问题吗？如果你身边都是些不如你的人，这些人是不是都在从你身上汲取营养呢？虽然你在他们身上找到了优越感，但是也正在通往慢性自杀的路上。而今天，无数人正走在这样一条慢性自杀的路上。所以从现在开始，改变命运最快速的方法，就是更换朋友圈，与高人为伍。宁愿做那个高人堆里的矮子，也不要做矮人堆里的高人——改变命运就这么简单。

三 康百万家族的家道家风传承

中国第一大庄园是康百万庄园。康家连续富裕十三代，兴盛四百多年，是怎么做到的呢？

1．“康百万”名称的由来

首先我给大家介绍一下“康百万”这三个字的意思。“康百万”不是某一个人的名字，而是一个家族的名字。因为康家最讨厌个人英雄主义，所以“康百万”是整个河洛康家的家族代称。

1900年，八国联军侵华，英、美、俄、日、法、德、意、奥匈八国占领了北京城，慈禧太后没地方去，就带着光绪皇帝跑到了今天的西安，在北京留下以李鸿章为代表的外交大臣和八国联军进行谈判。谈判结果中最重要的一条就是割地赔款。于是，在 1901 年（农历辛丑年），中国签订了历史上著名的《辛丑条约》。《辛丑条约》是中国近代史上赔款数目最庞大、主权丧失最严重的不平等条约。国人声讨："卖国者秦桧，误国者李鸿章！"李鸿章在签订这个条约后没多久，便病逝于北京。

八国联军走后，慈禧太后从西安返回北京。那时候的马车走得比较慢，所以每到一个地方，都要提前规划好吃住、接待等问题。当时从西安返回北京途中，必须经过河南巩义，于是，慈禧太后的随从找到了这里最大的望族——河洛康家，强制康家接待，否则株连九族。当时康家以第十七代庄园主康建德为代表，召开家族会议，商议如何接待慈禧的问题。因为当时有规矩，皇帝可以住寺院，可以住道观，但就是不能住在老百姓的家里，所以必须给慈禧和皇帝盖新的行宫。

因为不知道太后和皇帝是走水路还是走旱路，于是康家做了两手准备。最保险的方法，就是在水上用九艘轮船做一个水上行宫，再在陆地上建一个行宫。没想到 1901 年黄河发大水，慈禧没有从水路上过来，走的是旱路，所以当晚就在康家修建的陆上行宫住下来了。慈禧和皇帝在行宫内住了一晚，临走前，康建德还向慈禧捐献了一百万两白银以及价值连城的“一桶江山”。据称，这只金桶上刻制了中国地图，在北京的地标上还镶嵌了一颗夜明珠，慈禧大悦，赏赐了“神州甲富康百万”的金匾。当时还讲了一句话：“没承想这个山沟里还有百万之家。他们家姓康，那就叫‘康百万’嘛。”如果说此前“康百万”只是民间传说，从这件事以后，“康百万”就名扬天下了。“康百万”的叫法，就是这么来的。

2. 康家的“留余”文化

周文王82岁进监狱，在羑里城关了7年。他发现宇宙的玄机藏在《易经》的一个卦里，这个卦就是天山遁，“遁”是隐藏、消失的意思。天山遁是《易经》中的第33卦，下面是山，为艮卦；上面是天，为乾卦，如图5。

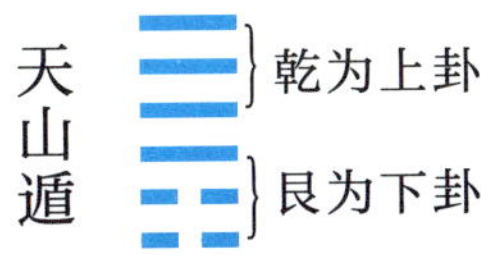

图5 《易经》中的第33卦“天山遁”

为什么周文王要把第33卦命名为“遁”呢？因为周文王发现了一个天大的秘密：古往今来，一流的天才，多半是在33岁之前就消失了。越聪明的人，逝世得越早。如果你觉得自己很聪明，那就要学会藏拙，学会老子的智慧——大智若愚。

苏东坡专门给他儿子写了一首名为《洗儿》的诗：“人皆养子望聪明，我被聪明误一生。惟愿孩儿愚且鲁，无灾无难到公卿。”这是在告诫子孙后代，宁愿愚一点、笨一点，这样人生才会无灾无难。怕就怕聪明绝顶，聪明反被聪明误。

康家的家训由两部分组成：一部分是“四留铭”，另一部分是“四醒”。“四留铭”是对外的，“四醒”是对内的。如果能深刻理解“四留铭”和“四醒”，就能知道康家连续富裕十三代、兴盛四百余年的原因了。康道平作为康百万家族第十五代传人，喜读诗书、好练武功，曾修寨垒堡，操办团练，保护家业。为鼓励自己，也为教育后代，他起堂号为“留余堂”，并请人撰写了“留余”二字及相关铭文，做成匾额悬挂于堂上。从此，“留余”成为康家的重要家训。

中国楹联协会和匾额协会评选出中华三大名匾，第一大名匾是故宫的“正大光明”匾，第二大名匾是万里长城东端的天下第一关“山海关”匾，第三大名匾是河南康百万庄园的“留余”匾。为什么康家的“留余”匾有这么高的地位？

第一，一般的匾都是方方正正的，但康百万庄园的“留余”匾上边缺了一块，意思是留有余地给老天和朝廷；下边也缺了一块，意思是留有余地给子孙后代和大地。上下都缺一块，跟“留余”二字遥相呼应。第二，“留余”匾上有174个字，而别的匾没有这么多字。第三，“留余”匾的长和宽都是按照黄金分割比例设计的，多一点不多，少一点不少。

康百万庄园正堂的正中悬挂的这块上留天、下留地的“留余”牌匾有着深刻的哲学思想：上留天，意思是“荣而思报”，有了荣光之后要报效朝廷和国家；下留地，意思是“富而思济”，富贵之后要救济贫众、灾民。“留余”，就是训导子孙做事要留有余地。

“留余”匾上写道：

留有余，不尽之巧以还造化；

留有余，不尽之禄以还朝廷；

留有余，不尽之财以还百姓；

留有余，不尽之福以还子孙。

“留有余，不尽之巧以还造化。”巧，在这里应该翻译成小聪明的意思；造化，在这里可以理解成老天爷。这句话的意思是：要留有余地，不要到处耍小聪明。即使非常聪明，也要把聪明拿一部分出来，还给老天爷。因为越是聪明的人死得越快，天妒英才啊。

“留有余，不尽之禄以还朝廷。”禄，应该翻译成俸禄；朝廷，应该翻译成国家。所以这句话的意思是：我们要留有余地，不要只知道从国家索取，却不懂得报效国家。如果我们每一个人都不缴税，请问我们国家哪里有钱去造航空母舰，保护人民的生命财产安全？哪里有钱去修建高铁？哪里有钱去修高速公路？所以不要只知道从国家那里索取，却不懂得报效国家。康家不仅是这么说的，也是这么做的。

康家第十八代先祖叫康廷煜，字子昭，是个天才，从小过目不忘，记忆力超群。而且他骨骼清奇，力大如牛，文武兼修。私塾先生给他启蒙的时候，他对先生说：“先生，能不能教我一些难的东西?”于是，先生用《左传》给他启蒙。他从陕西讲武堂毕业之后，恰逢 1931 年，九一八事变爆发，日本人占领了东三省。他满腔热血，找到东北抗日联军的杨靖宇将军，杨靖宇将军说：“参加革命、报效祖国是很好的，但是闹革命也需要财力支持，你看你是否可以借助康家的力量支持一下革命?”于是，康子昭回到河南老家及康家所有的产业所在地，开始卖房、卖地。当时大家给他起了一个外号叫“一指没”，意思是他手指一指，这些产业就没了。他卖地、卖房、卖产业，卖的钱都捐给了革命队伍。康家人都说他是“败家子”，因为他卖掉了康家三分之二的资产，源源不断地供给东北抗日联军。1932 年，当时国民党政府专门给康子昭颁发了一块匾额，匾额上书“毁家纾难”。这块匾额至今还悬挂在康百万庄园里。

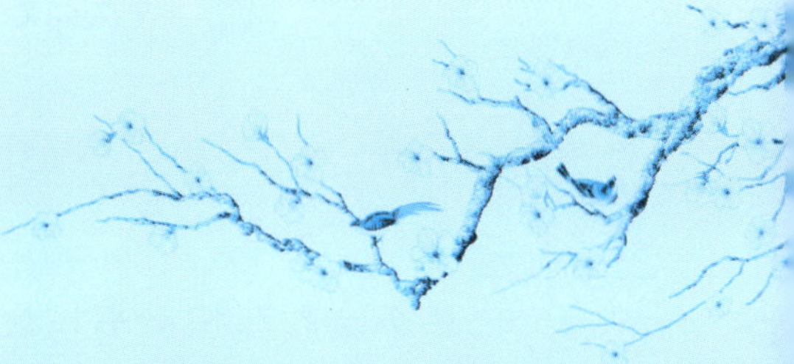

柒

传承篇：让自己的家族基因长青

一 家庭教育是传承的关键

一个家族要想成为百年望族，这个家族必须千方百计做好传承——把子孙后代教育好。要弄明白什么是“传承”，先要弄明白什么是“生存”。比如一个人受西方思想的影响，选择“丁克”；另一个人受中华民族文化的滋润，娶妻生子，家庭和睦，四世同堂。那么这两个人一百年以后的区别就是：一个“存”下来了，一个没有“存”下来。我们看这个“存”字，上面一横，代表伏羲氏的一画定天下；左边是一个立着的“人”，里面是个“子”字。所以，人活在天地之间，有子孙后代才能生生不息，这就是“存”的含意。所以“存”不是指活着，而是指把自己的种子传下去。生存也不是指活下去，而是想尽办法，把自己的基因传下去。所以，选择“丁克”的人，就谈不上“传承”了。

我们把“传承”称为“闭眼工程”，就是一个人这一辈子什么事都没干成，但只要把这件事情办成了，就可以闭眼了。同样，如果一个人一辈子各个方面都很成功，就是一件事情没做好，到死的时候就闭不上眼——这件事情，就是家庭教育。

古今中外，有这么一条看似难以突破的“魔咒”：一代创，二代守，三代耗，待到四代开外，一个家族就开始走下坡路了。战国思想家孟子有“君子之泽，五世而斩”的论断，之后发展为“道德传家，十代以上；耕读传家，次之；诗书传家，又次之；富贵传家，不过三代”。这显然是先贤们在亲历和听闻了诸多事例后的高度总结。不难看出，传家共分为四个层级，最高层级的是道德，最低层级的是富贵。需要提及的是，这里的“三代”“十代”均为概数，不是精确的数字。“三”代表较少的数，“十”代表较多的数。

成就百年望族不是靠一代人就能完成的，而是多代人共同努力的结果。如何传承家族？家族又靠什么来维系？传统经典中关于这方面的论述众多，但最具代表性的是上述孟子的话。

“道德传家，十代以上”，“十”代表多的意思。“耕读传家，次之”，“耕”是通假字，同“躬”，意思是行道，“读”是知道的意思，“耕读”的意思就是王阳明所讲的知行合一，“知是行之始，行是知之成”，即知道这个道理，还要去践行这个道理。“诗书传家，又次之”，可以简单地理解为“知道道理、懂得礼节”，但是在“行”方面差一点；而“富贵传家”，不会超过三代。所以在家族中进行道德培养，才是重中之重！

一个人这一辈子，即便别的方面都很平常，但是只要把孩子教育得很成功，死的时候就能闭上眼睛，安然离开，含笑九泉了。所以我把教育孩子这件事情比喻成“闭眼工程”。相反，一个人一生中在很多方面都很成功，但就是在孩子的教育上很失败，那他死的时候，就会死不瞑目，因为他的孩子不争气。

我把人生分为上半辈子和下半辈子，上半辈子的底气往往来源于父母，下半辈子的底气往往来源于后代。一个人年纪轻轻，无论走到哪里都很自信，多半是父母给了他自信的资格和资本。但是一个人到了五六十岁的时候，无论走到哪里都还自信地讲自己是如何成功的，多半是他的子孙后代不行。那些经常讲我的孙子怎么样、我的儿子或女儿怎么样的人，往往活在希望中，说明后代拿得出手。所以从现在开始，我们要把教育孩子这件事上升到人生的战略高度。

二 康家教育孩子的文化基因

在我的一次课堂上，有个8岁的孩子说他有一个问题一直想不通。我心想，你一个8岁的小孩，会有什么问题想不通呢？后来一问才知道，他想不通的是："为什么别人常常讲富不过三代，康家是怎么连续富裕十三代的?"一个8岁的孩子，就能问出这么好的问题，真是难得。

康家第十八代先祖康廷煜，字子昭。他非常聪明，陕西讲武堂毕业，曾参加东北抗日义勇军，任十一路军上尉副官。回乡后他积极救危扶贫，乡里感念其德，立碑"刚毅恢宏"、挂匾"毁家纾难"。康家人才辈出，和康家的家教密不可分。

第一，"境教"，即环境与情境的教育。

谈到“境教”，就离不开“笔墨道场”，即现在我们说的书房。我研究了全世界100多个家族，那些跨越了500年以上的家族，他们百分之百是书香世家。那我现在问大家：你们家有书香吗？没有书香，怎么能成书香世家呢？很多人讲：“老师啊，我没什么文化，书买回去，我又看不了。”我反问他们：“谁跟你讲书买回去就是看的呢？”书分三种：第一种书叫工具书，比如《新华字典》《现代汉语词典》《牛津词典》《辞海》，这种书是拿来查找资料的。第二种书叫专业书，是拿来钻研业务的。假设你是搞房地产的，那你家里一定要有房地产方面的书；假设你是做财务的，你家里一定要有财务方面的专业书；假设你是做设计的，你家里一定要有设计方面的书，这些书是吃饭的依靠。第三种书叫藏书，比如《乾隆大藏经》《二十四史》《资治通鉴》《中国传世家训大全》等。这种书是拿来“熏”的，摆在家里面就有书香的味道。现在很多人家里翻箱倒柜都找不出几本书，能找到的也就是《读者》《知音》《故事会》，摆放这样的书，你的家族能做百年望族吗？我一直在呼吁，希望大家能将家里的客厅变成书房，可以随时随地看书。

曾国藩家族为什么能成为名门望族？因为曾国藩家族有

一点是一般人做不到的，他们不仅有一流的藏书楼，并且藏书近30万册。更重要的是，曾国藩还专门为子孙后代编写家族教材，不管私塾先生让孩子学什么，那是私塾先生的事。曾国藩把历朝历代他认为必读的圣贤之书，以及这些圣贤的名字，编成诗词，传给子孙后代。所以，要成为百年望族，是要多花点心思的。

在情境教育上，康家有两点创造性的发明。

一是“三上成文”。“三上成文”其实指的是康家的厕所。康家在盖房子的时候，会在砖头上刻上“三上成文”四个字，镶嵌在康家厕所的墙上。“三上成文”源于欧阳修的《归田录》，欧阳修认为读书要利用“三上”的零碎时间：马上、枕上、厕上。

二是“志教”。“志”，包括志向、志气、志趣。“志向”要远大，要有高远的奋斗目标；“志气”就是要有骨气，要让别人看得起；“志趣”就是要有高雅的兴趣爱好，比如书法、绘画、下棋、演讲等。一个人能不能成才，与小时候志向、志气、志趣的养成教育有直接关系。

首先，康家认为任何一个人要想干一番伟大事业，必须从小树立远大志向，因为“志不达者，事不成”。“取法乎上，得其中也。取法乎中，得其下也。”

其次，人要有志气，不能有奶便是娘，要有做人的原则和底线。

最后，康家子孙必须从小培养高雅的兴趣爱好，否则有一天他小有成就了，很可能会去享受低级的趣味。

第二，“史教”。

康家特别强调，孩子必须学中国历史、世界历史，以及家族历史，因为能看到多远的过去，就能展望多远的未来。今天有很多人不知道自己从哪里来，也不知道自己要到哪里去，家里面又没有家谱、族谱。在中国，千百年来，一个人如果没有族谱，不知道自己的祖宗是哪里的，别人就会说这个人“不靠谱”，因为不知道自己是从哪里来的，不知道祖宗是谁，也就没有源头。

三 环境教育在家族传承上的妙用

在环境教育上，康家有两点最具代表性：一个是雕塑，另一个是匾额与楹联。以前的教室里面，都有马克思、列宁、毛泽东等伟人以及爱因斯坦、牛顿等科学家的头像，这就叫环境教育。家庭教育也应该是这个样子。

在环境教育上，康家有两种雕塑随处可见，一个是竹子，另一个是狮子。

1. 竹子的作用

几百年前，河南气温比较低，竹子不容易成活，于是，康家先祖别出心裁，盖房子的时候把竹子雕刻在墙上、门廊上、家具上，让孩子们在家里随时随地都能看到竹子的形状，学习竹子的气节。

竹子每隔一段便有一个节，是“气节”的象征。很多人不懂“节”的意义，其实这与《易经》里面的第一卦乾卦有关。

乾卦从下往上的爻，分别是初九、九二、九三、九四、九五、上九，如图6。

注意在64个卦中，不是每一个卦都是六爻。有两个卦比较特殊——乾卦、坤卦，它们不是六爻，而是七爻，因为乾卦里还有“用九”，坤卦里还有“用六”。“用九”对于中华传统文化来讲，太重要了，只有深入学习《易经》才能了解其中的奥秘。

上爻 —— 上九：亢龙有悔
五爻 —— 九五：飞龙在天，利见大人
四爻 —— 九四：或跃在渊，无咎
三爻 —— 九三：君子终日乾乾，夕惕若厉，无咎
二爻 —— 九二：见龙在田，利见大人
初爻 —— 初九：潜龙勿用

图 6　《易经》第 1 卦：乾卦

“乾元用九，乃见天则。”乾元，翻译为“老天爷”“世界”“宇宙”。只有把“用九”弄明白了，才能明白宇宙的运行规则，我们才可以效仿宇宙的运行规则，做到天人合一。

比如一年 365 天，要是天天晴天，肯定不好；天天刮风下雨，肯定也不好。只有该晴天的时候晴天、该下雨的时候下雨、该刮风的时候刮风，这样才好。所以“用九”的含义就是“阶段性调整”。

这段时间是春天，过段时间变成夏天，过段时间变成秋天，再过段时间成了冬天，这就是阶段性调整。那请问你：你的人生有没有阶段性调整呢？你有没有在该生孩子的时候

生孩子，该孝敬父母的时候孝敬父母？该起床的时候，你起床了没有？该睡觉的时候，你睡觉了没有？该休息的时候，你休息了没有？

当年师父告诉我们："人生就是阶段性调整。"

2. 狮子的作用

康百万庄园的雕塑中有很多狮子，这与中国传统文化中的佛教文化有很大关系，这是在告诫子孙后代要尊师重道。

佛教中的文殊菩萨代表大治天下，是智慧的化身，而文殊菩萨的坐骑就是青狮，那为什么狮子也代表了智慧呢？其实人人都有智慧的影像，只是因为存在妄想、执着，没有显现出来，需要有人像狮子一样对你吼叫，你就觉醒了。人人都有智慧，只是灵魂在沉睡，有了那头唤醒你的狮子，你的灵魂便不再迷茫，你的思想必将开悟。

为什么你的人生会这么迷茫？因为缺少能把你喊醒的人。为什么睡觉的"觉"（jiào）和觉醒的"觉"（jué）是同一个字呢？意思就是你醒来了，觉悟了。

四 父母是一生的财富

有些人到处拜佛，甚至跑到尼泊尔、斯里兰卡、泰国去拜佛，我想问这些人：“你家里的父母这两尊活佛，你拜了没有?”“在家拜父母，何必远烧香?”一个连自己父母都不孝顺的人，说自己是品德高尚的人，我是不相信的。老祖宗早就讲过：“求忠臣必于孝子之门。”意思是一个人如果在家里都不遵循孝道，那么他也不会效忠于国家和人民。现实生活中，如果一个老板想找一个很贴心的助理，那要看看他在家里是如何对待自己父母的，否则，他就是另有所图。同样，一个女孩子要嫁人，如果对方对待父母不孝顺，未来你嫁给他，好日子也过不长久，因为连生他养他的人他都不顾，其他人又算什么呢?

中国的“孝”字，上面是个“老”字，下面是个“子”字，说明“老子”就是孝，翻译成老百姓听得懂的话，就是上面怎么做，下面就怎么践行——上行下效，就是孝。你今天怎么对待你的父母和公婆，下一代百分之百地也会用同样的方式对待你。你要你儿子孝顺，你都不用说教，你孝顺自己的父母就好了，就这么简单。你自己怎么做的，下一辈就怎么学。“孝”不是说出来的，是做（行）出来的，所以叫“行孝”。今天很多人天天把“孝”字挂在嘴巴上，管什么用啊？关键是你做到了没有。如果你从来不给父母打电话问候一下，未来，你的孩子会给你打电话吗？

今天有些人受西方思想的影响，说要跟孩子做朋友；有些孩子，动不动就报警，说父母打他。这样的家庭，成何体统？我还发现，小孩有叫父母名字的，要是在过去，那就是一点规矩都不懂。

中国明末清初时有一本启蒙教材，叫《朱子治家格言》，也叫《朱子家训》，它是家庭教育的经典之作，也是中国传统文化的重要组成部分。《朱子治家格言》里有八个字非常经典——“伦常乖舛，立见消亡”。“乖舛”就是违背、乱套的意思，没大没小，没有规矩。“伦常乖舛，立见消亡”就是违背伦理道德，家庭很快就会衰败灭亡，它强调了道德和伦理在家庭和社会中的重要性。

有些人会给自己养的小狗买衣服、剪指甲，但从来没有给自己的爸爸妈妈、爷爷奶奶买过一件衣服。这就是“伦常乖舛”，这样的家族很快就会衰败灭亡。

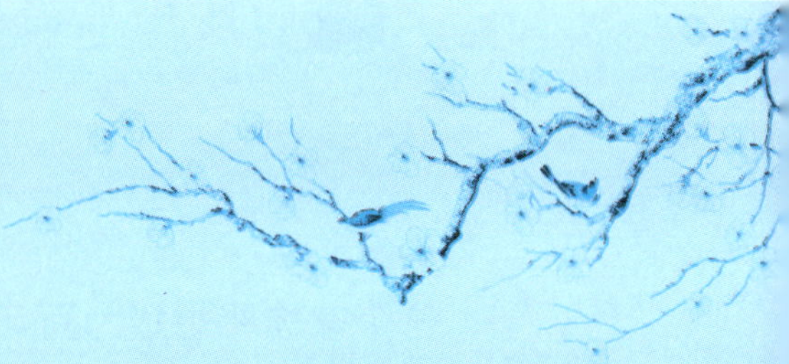

捌

女性篇：智慧女性如何修为自己

一 百年望族需要女性开启伟大智慧

一个家族要想成为百年望族，这个家族里面的女性必须开启伟大智慧。如果一个女性拥有良好的道德情操和才学素养，那么，她所教出的孩子也很有可能成为一个栋梁之材，甚至这位母亲所居住的地方，也能成为产生圣贤的“风水宝地”。通过教育出一位能够把天下治理得井井有条的贤能之人，这位母亲的教育也将成为天下太平的源头。

但这里所指的并不仅仅是一个家庭的妻子、母亲所起的作用，更是指整个家族的家教家风。一个人想要成为圣贤，归根到底在于他的家教是否能赋予他这样的才能和素质。家教是整个家庭给子女提供的，除了母亲之外，包括父亲在内的其他人对孩子的言传身教也是极其重要的。

古今中外所有的名门望族里，都至少有一个非常有智慧的女性。很多人曾看过一部民国传奇大剧《大宅门》，里面的白文氏就是一个充满智慧的女人。她是医药世家白府的二儿媳，果敢决断、大度仁义、深谋远虑。后来，白家家道没落，陷入绝境，老太爷白萌堂悲愤交加，撒手西去，一大家子的重担压在了白文氏一人肩上。她于内外交困中运筹帷幄，费尽心机，终将老号盘回，使白府得以复兴。康家的历代女主人都德才兼备，是典型的贤妻良母，所以康家能兴盛四百余年，女主人们可谓功不可没。

所以，一个家庭中拥有一位智慧女人，这无疑是一件非常幸运的事情。心理学家们调查发现，那些最终能主宰自己命运的女性，她们内心强大，足以改变自己的生命轨迹，从而成为人生的赢家。

这样的女人，她们韧劲十足，敢于向任何困难发出挑战，同时跟时间赛跑，无论身处何种境地，她们都能泰然处之，顺势而为。

在中华传统文化里面，从来就没有“重男轻女”的观念。很多人说我这是瞎讲，我们不是一直讲“男尊女卑”吗？其实很多人根本就不懂什么叫男尊女卑。“尊”是个通假字，通酒樽的“樽”；“卑”也是个通假字，通酒杯的“杯”。

在古代，只有在粮食有剩余的时候，才能酿酒。杜甫有诗云："朱门酒肉臭，路有冻死骨。"朱门是指豪门，即非富即贵的家族，在古时候，只有豪门才有资格把大门漆成红色，否则是要掉脑袋的。只有豪门才有多余的粮食酿酒，才能喝得起酒，所以才会"酒肉臭"。普通老百姓，一年到头，饭都吃不饱，哪里还能喝到酒呢？

所以，在古代，酒是奢侈品。既然是奢侈品，首先就要拿来祭祀天地神灵。而只要是祭祀，一套完整的祭祀流程下来，就离不开酒樽和酒杯。"樽"和"杯"没有高低之分，只是分工不同而已。"男尊女卑"的意思，就是男人像酒樽一样，女人像酒杯一样，没有哪个高贵、哪个低贱。后来，经过慢慢演变，它的意思变成了"男女有别"。

所以请大家一定记住，中华传统文化里从来没有男尊女卑的概念。纵观全世界，古往今来，从来没有哪个国家和地区像中国这样把女人捧到如此高的地位。比如我们讲"一阴一阳谓之道"，这里的"阴"就是指女人；我们讲"阴阳"，从来不讲"阳阴"；我们讲"母仪天下"，从来不讲"父仪天下"；我们把"母亲"定义为最尊贵的称呼，比如"大地母亲""祖国母亲""母亲河"……女人始终排在前面。各位中国的女性朋友，你应该为能出生在中华大地上而感到自豪和骄傲。

二 一代无好妻，十代无好子

衡量一个女人在家族当中重不重要，我们传统文化里面有一句话叫“一代无好妻，十代无好子”。这里面的关键点是那个“十”字。为什么老祖宗偏偏提“十”呢？要想回答这个问题，必须学《史记》。《史记》作者司马迁讲得非常清楚：“数始于一，终于十，成于三。”司马迁认为一、十、三，这三个数字很神奇。

我们中国人讲“九九归一”，没有人讲“九九归零”，《道德经》中亦有“道生一，一生二，二生三，三生万物”，所以那个“一”很重要。人生之所以没有改变，就是因为没有踏出第一步。当你踏出了第一步，就跟那些没有开始的人完全不一样了。所以，做到那个“一”很难。再比如，很多人早上睡得正香的时候，闹铃响了，但就是不想起床。其实起床了，洗把脸，便会感觉神清气爽。

什么叫“终于十”？十个一是一十，十个十是一百，十个一百是一千，十个一千是一万，十个一万是十万，十个十万是一百万，十个一百万是一千万，十个一千万是一亿。我们发现，每到十的倍数，又回到一，这就叫“终于十”。

“一代无好妻，十代无好子”的意思就是：一个人娶错了老婆，这个家族要等到下一个循环才有机会振兴。下一个循环，也许是十年，也许是一百年，也许是“千年等一回”。

所以“十代无好子”中的“十”不是指数字“十”，而是“循环”的意思，所以这句话的正确理解是：一代没有娶到好的妻子，一个循环之中也不会有好的子孙后代。可想而知，一个有智慧的女人对一个家族该是何等的重要。

有人问我：“一里面有三吗?”他这个问题问得非常有哲理。我说：“一里面不仅有二，有三，一里面还有万物。”学过佛经的人就知道，“一即一切，一切皆一”。“一”可以理解为“初心”，初心就是一切，一切就是初心。

每年暑假我都会举办“家文化”的夏令营，因此接触了成百上千的孩子。我发现，凡是有问题的孩子，99%的原因都源于父母的婚姻出了问题，只有极少数的孩子能在畸形的家庭中长成参天大树。

2020 年，我去中国社会科学院拜访一位老教授，他是研究社会科学与婚姻关系学方面的专家。我请教他：“我是研究‘家文化’的，您能不能告诉我怎样才能把孩子教育好?”他说：“小康啊，其实没那么复杂。你如果去过我的老家四川就会知道，四川人特别喜欢吃泡菜，几乎家家户户都会自己腌制泡菜。家庭教育就像做泡菜，只要泡菜坛子的原汤没变坏，泡菜坛子也没有漏气，我们就把那些萝卜、白菜扔进坛子，给它时间，它到时候自然就会形成泡菜。但就是怕泡菜坛子里面的原汤变味了，或者泡菜坛子本身漏气了，这个时候，我们就是把人参丢进去，它也会变臭的。家庭就是那些做泡菜的坛坛罐罐，孩子就是那些被腌制的萝卜、白菜。有些小孩很可怜，本来可以成就一番事业，成为参天大树的，但就是因为家庭环境不行，一颗好树苗，毁在摇篮之中。”

现在很多家长指责自己的孩子这也不行、那也不行，我想再次告诫这样的家长，不是他不行，而是你不行。如果把这些孩子换一个家庭环境，他自然能成就一番事业，长成参天大树。

三 康家智慧女人的精神财富

今天我们去康百万庄园，还没有进入大门前，就会看到门口有这样一个牌坊（见图7）。这个牌坊在全国都是少有的，因为它不是简简单单的贞节牌坊。我来为大家解释一下这个牌坊的伟大之处。

牌坊中间有一行字从右边往左边读是“清旌表节孝武生康道兴妻王氏坊”。“清”是指清朝。研究过传统文化的人都知道，只有皇帝亲自批准表彰的，才有资格写“旌表”二字，这意味着这个牌坊的规格到了极限，因为这是天子批准的。同时，这是一个节、孝合二为一的牌坊，意味着它既是贞节牌坊，又是孝道牌坊，所以叫节孝牌坊，这个在全国都是少有的。康道兴是个武将，他自幼喜好武术，博学多才，年轻有为，曾参加过开封的武科乡试，但英年早逝。他的老婆王氏，23岁就开始守寡。了不起的是，她没有任何

图 7　康百万庄园大门前的节孝牌坊

风言风语，且孝敬长辈，十里八乡传美名，但这还不足以立牌坊。了不起的是她的儿子也很优秀，官职达到三品。后来她的孙子又考取了功名，到朝廷做官，一直做到了相当于今天教育部部长的这个位子。这个牌坊是她的孙子恳请皇帝立的。皇帝派人调查，发现情况属实，于是建了这个节孝牌坊。今天，这个牌坊被评为国家一级文物。我介绍这个牌坊，就是想告诉大家一个道理：一个家族里面的女性，如果没有智慧，这个家族很难成为百年望族。

在康百万家族史上，有一个重要事件，就是“康朱联姻”。明崇祯十四年（公元 1641 年）正月，李自成攻克洛阳，明万历皇帝的三儿子福王朱常洵被杀，全家逃散。其子朱由崧逃跑，流落淮安，在凤阳总督马士英的帮助下建立南明政权，帝号弘光。朱由崧在仓皇逃难途中，他的一个妃子失散……

那年春天，在本该是春暖花开、燕来河开的时候，天气却还寒冷异常。这一天竟纷纷扬扬下起了雪。康兴隆（康家第九代）去洛河钓鱼，河边白茫茫一片，不见一个人影。因为当时李自成带领起义军已经攻破洛阳，老百姓时刻准备着逃难或躲避。李自成如果东下，极有可能走水路，所以洛河边的人家大多数已躲避起来。

康兴隆来到洛河边，猛然瞅见河里漂着一只小船，小船上一位妇女在高声呼叫："大哥，大哥，行行好吧，俺要靠岸。"小船在河里漂漂荡荡，看来这个妇女根本不会划船，只是让船顺水漂流。此处是平原，河水流动缓慢。在这样一个恶劣的天气，小船若不及时靠岸，即使不遇到险滩，再过半个时辰，一旦漂到黄河里，只怕小船上的人也是性命难保。

康兴隆没有一丝一毫的犹豫，就纵身跳进了刺骨的河水里，此时河水不深，刚好淹过膝盖。由于寒冷，康兴隆还是不住地打战，他深吸一口气，咬紧牙关，深一脚浅一脚，趔趄着向小船走去。幸亏小船离岸边不远，康兴隆很快就来到了小船跟前，拉住了小船……

等把船弄到岸边，康兴隆已冻得脸色乌青，上下牙“嗒嗒”不住地磕碰，他穿的衣服本来就单薄，此刻似乎也要结冰了。他忙对那妇女说：“快走!”妇女为难地说：“大哥，船上还有人和东西呢。”他看那个妇女相貌清秀，像是大户人家出身，不是一般的农家妇女。又往船上一看，发现船上的包袱里裹着一个孩子。除此之外，还有两个精致的大木箱。船上有条扁担，康兴隆拿起扁担，挑起木箱，那位妇女抱起孩子跟在后面。等回到了家里，康兴隆才从妇女的口中得知，她叫李梅，丈夫是一个做小本生意的商人。李自成占领洛阳时，他们全家出逃，但她在途中跟丈夫走散了，只好带着女儿顺河逃走。

康兴隆腾出两孔窑洞给李梅母女二人居住。为了她们的生活，康兴隆还给了李梅三分旱地和两分水地，让她养家糊口。当时社会动荡不安，李梅一直没有出去寻找丈夫。茫茫大地，音讯全无，去哪里找啊？为了使李梅不受外人欺负，康兴隆便对村里人说，李梅是他妻子的一个远房亲戚，家里遭了灾，无路可走才来投奔他们的。

李梅不会针线活儿，她女儿的衣服、鞋袜，包括李梅的穿戴，都是康兴隆的妻子一针一线缝制的。庄稼活儿李梅也不会做，康兴隆就安排小伙计帮忙……两家的孩子在一块儿玩耍，时间长了也就成了要好的伙伴。

转眼十几年过去，李梅的女儿朱洁静已长成亭亭玉立的大姑娘，康兴隆的儿子康复吉也长成了眉清目秀的小伙子。经媒人说和，两家人成了一家人……小夫妻相敬如宾，夫唱妇随。由于康家有饭馆、店铺等生意，夫妻俩的小日子过得有滋有味。短短几年时间，人丁也兴旺了——他们先后生了四男二女。很快，康家就成了当地首屈一指的大户。

康复吉结婚后，康兴隆才知道，亲家母李梅是福王朱由崧的妃子，她的两个木箱里装的全是金银细软。后来得知弘光帝被杀，李梅为躲避凶险，在康家隐姓埋名，安家落户，直到死去。

有人说，康朱相配，有糠（康），猪（朱）得以茁壮；有猪（朱），糠（康）得以尽其用，正是天合佳偶。

自从“康朱联姻”后，康家锦上添花，财富迅速积累。由于教导有方，康家子女们也勤奋好学，后来很多都被朝廷授予官职。其中，康大勇被授为“登仕佐郎”，成为康家发迹史上里程碑式的人物，很多地方的财神年画上都有康大勇的形象。位于河南巩义的康百万庄园就是从康大勇这一代开始设计建造的。康大勇非常有战略眼光，提前为康家做了规划，比如康百万庄园里面，哪个地方盖住宅区，哪个地方盖练兵场。整个康百万庄园分为十九个部分，花费了六代人的心血，才建成现在遗留下来的规模。

康大勇的孙子康应魁垄断了百万清军的军需服装和军用物资的十年供应权，借此还垄断了陕西泾阳的布匹市场。在这十年中，康应魁为康家积累了大量的财富，达到了“富可敌国”的程度，故康应魁曾两次悬挂“良田千顷”的牌匾。1847 年，康应魁在他七十五岁的寿诞之上，特意通知欠债的债务人一定要到场。酒过三巡之后，康应魁让管家拿出账本宣读借款人的姓名、借款数目和借款日期，等大家确认后，喝得尽兴的康应魁一把火把欠条和账册全部烧掉了。那些债务人失声痛哭，感激涕零，当场下跪叩头致谢。因此，康家虽然富有，但并不受人妒忌，反而很受百姓爱戴。

全世界的名门望族都特别重视“联姻”，也就是讲究“门当户对”。自己花了几十年的时间，通过不断努力，好不容易从一个底层晋升到中产阶级，好不容易有了一点点尊严，但如果因为孩子的婚姻使你再次沦落到底层，你肯定是不愿意的。所以，家长就会从小培养孩子的这种门第观念。虽然这样做很功利，但通过研究社会婚姻的大数据，我们发现“门当户对”对于亲密关系的持续，是非常有科学依据的。

四 女人最重要的是修行“坤德”

男人这辈子，最重要的是找到一个好老婆。如果你的爸爸找到一个好老婆，母亲优秀，你的童年就会很幸福；如果你自己找到一个好老婆，妻子优秀，你的中年就会很幸福；如果你的儿子找到一个好老婆，儿媳妇优秀，你在晚年才能享受到天伦之乐。所以一个男孩童年时期不幸福，多半是他爸爸找到的这个女人不行，没有智慧，所以童年很痛苦；如果一个男人中年时期不幸福，大多数都是老婆不行；很多男人为什么晚年鸡飞狗跳，多半与儿子找的老婆不行有很大关系。可见，女人对家族有多么的重要。女人是否优秀，对家庭的幸福指数影响很大，所以，女人一定要修好自己的“坤德”。如果男人很努力，找的老婆不行，还是竹篮打水一场空。

东北人大多是从山东移民过去的，而山东多半都有孔孟的“忠孝节悌，礼义廉耻”的文化基因，所以东北有很多方言保留了儒家的精华。比如东北有一句话：“男人是搂钱的耙子，女人是存钱的匣子。”这句话的意思是：男人在外面挣钱，家里那个匣子（女人）能不能兜得住？如果女人德行不佳，男人越努力，家败得越快。

一个当官的男人，官位小时，妻子的影响还不算大；一旦他升到高官的位置，他妻子素质的优劣就会显现出来。她可能会怂恿老公干这个、干那个，枕边风吹得可厉害了，时不时就让老公照顾七大姑、八大姨，很多乱七八糟的事情就出来了。一个女人的“坤德”是很重要的，否则她老公再怎么努力，即便起得比鸡早、吃的比猪差、睡得比狗迟，一切也都是徒劳。《周易》中，女人是坤卦。“地势坤，君子以厚德载物。”女人最了不起的两个字，就是“坤德”。

衡量一个女人在社会中有多重要，古人有这样两句话："闺闱乃圣贤所出之地，母教为天下太平之源。""闺闱"有些版本也写作"闺阃"。"闱"指古代贵族家庭的门房，所以还没有出嫁的女孩的房门就叫"闺闱"。"阃"（kǔn）指的是门槛，"闺阃"就是指女子所住的内室。"闺闱乃圣贤所出之地"的意思是：古往今来，所有的圣贤都是从女人的闺房里面出来的。这里比喻的是女人的"子宫"，"子"就是子孙后代，"宫"就是指宫殿，"子宫"就是指子孙后代的宫殿。"母教为天下太平之源"是说天下是否太平，取决于母亲的教化，所以我们经常讲"母仪天下"。

女人要想开启智慧之门，必须明白：男人一生都离不开女人，男人一生都是女人的产物。

男人的一生大概分为四个阶段：

第一个阶段，童年时期。

童年时期，有一个女人对于他来说很重要，这个女人就是母亲。母亲对于一个童年时期的男孩来说就是一切。小男孩在童年时期的一切快乐、一切痛苦都来源于母亲。

我们老祖宗有这么一句话："宁死做官的爹，不死要饭的娘。"因为母亲对于小孩来说太重要了。假设一对夫妻生的小孩得了一种怪病，他们为了给孩子治病倾家荡产，并且最后还没治好。爸爸往往会放弃治疗，但妈妈只要看到孩子还有一口气，她都不会轻易放弃。我们在现实生活中会看到，很多精神失常或者身体残疾的人，妈妈喂饭，把他们喂到几十岁的都有。

我研究发现，全世界古往今来的很多圣贤都是妈妈带大的。孔子的父亲死了，他是母亲带大的；孟子的父亲死了，他是母亲带大的；岳飞的父亲死了，他是母亲带大的；六祖慧能的父亲死了，他是母亲带大的；欧阳修的父亲死了，他是母亲带大的。我发现，历史上母亲死了，爸爸带大的圣贤，一个都没有。能做圣贤的人，能干一番伟大事业的人，多半是性格很强硬的人。

我要郑重其事地奉劝各位：如果夫妻之间已经有小孩的，能不离婚的，尽量不要离婚，特别是小孩还在童年时期的。当然，已经离了的也不要有压力，因为缘分尽了，自然是要分开的，但不能一言不合就要离婚，这对孩子的伤害是非常大的。

当年我老师的一句话，让我受益良多。他说："没有过不去的坎，关键是看你会不会拐弯。"我们天天说向水学习，水不就是具有十足的柔性，是以柔克刚、灵动多变的象征吗？比如黄河九曲十八弯，照样一江春水向东流，照样能从西北流到大海里去。女人就是水做的，要用水的柔性，征服男人的刚性。

第二个阶段，少年时期。

少年时期，有一个女人对于他来讲很重要。正常情况下，男孩八岁就懂得欣赏异性，因为男孩的生命周期是以“八”为节点的，男孩八岁换牙齿，十六岁进入青春期；二十四岁，男人可以结婚生孩子；三十二岁，男人生理成熟并达到顶峰；六十四岁，阳道绝，身体开始走下坡路。正常情况下，男人精子的活力可以维持到六十四岁。

女孩成熟得比男孩早一点，女孩的生命周期以“七”为节点。女孩七岁换牙齿，十四岁左右来例假；二十一岁，女人身体成熟；二十八岁，女人生理成熟并达到顶峰；四十九岁，阴道绝，身体开始走下坡路。正常情况下，女人卵子的活力及正常排卵可以维持到四十九岁。

女人对男孩的重要性就两个字——方向。一个少男喜欢上一个少女之后，正常情况下会分三步走：第一步，收集她的有关情报；第二步，对收集来的信息与情报进行系统的研究；第三步，投其所好。

假设一个男孩研究后发现，这个女孩只喜欢学霸，其他的男孩都不喜欢。接下来这个男孩就会好好学习，千方百计成为学霸，因为只有成为学霸，才能吸引女孩关注他。假设一个男孩研究后发现，这个女孩别的男孩都不喜欢，就喜欢踢足球的男孩，这个男孩就会学踢足球，甚至做梦都在踢足球，千方百计去提高足球技艺，好吸引这个女孩。假设男孩研究后发现，这个女孩就喜欢街头小混混，喜欢爱出风头、爱打架斗殴的小流氓，男孩就会以出风头、打架斗殴为荣。女性朋友们，现在闭上眼睛回忆一下，你把当年那些喜欢你的男孩带到哪条沟里面了。

女孩子如果长得漂亮，但三观不正，晚年的命运就会很凄惨，这叫“红颜薄命”。因为长得很漂亮，所以很多男人都喜欢她。而她喜欢什么，那些男人就会去干什么。如果她三观不正，就喜欢古惑仔，多少男人为了博得她的青睐，就会去打架斗殴。结果胳膊断了、腿断了，还进监狱了。那个因果报应的“因”，都在女孩这里。

长得漂亮的女孩，如果现在命运不济，就应该反省过去价值观是不是有问题。中国有句话叫“福气常在丑人边”，长得丑的人可能有福气，因为女孩长得丑，没有男人喜欢，所以发奋图强，让自己的品德变得更好。所以，到底哪个是福、哪个是祸，有时候很难讲。

第三个阶段，中年时期。

慢慢地，男孩从少年步入中年了。中年时期，妻子对于一个男人来讲很重要，可以总结为两个字——“港湾”。渔民在外面风里来雨里去，遇到暴风雨的时候，专门有一个遮风避雨的地方，叫港湾。但为什么很多中年男人现在都不愿意回家了呢？男人在外面风里来雨里去，本来就不容易，本来就是想回家遮风避雨，可没想到外面的风浪才七级，家里的风浪十二级。请问，这样的港湾，哪个男人愿意回来？这种情况下，他宁愿在酒店里开个房间住，也不愿意回家，我身边就有这样的企业家朋友。

女同胞一定要明白一个道理，男人这个物种是靠不住的，你越靠他，他倒得越快；男人这个物种也是留不住的，你越留他，他溜得越快。男人这个物种只能吸引——男人就这么个特性。你要把家营造出一种魔力，让男人愿意自动自发地回来。康家花了几百年时间，总结出了女人旺夫、旺家须具备一个中心、两个基本点、三大法门、四个“绝对”、五个工具、六条通道。

女同胞只要想尽办法把小孩教育好，男人就愿意回来。你想一想，如果你们家的小孩被你教育得很好，老公就会活在希望当中，那个小孩就成了你们夫妻感情的一根纽带、一张王牌，你就拥有了“核武器”，同时你在家族里说话就有分量。千百年来，大家会发现，如果儿子比较牛，儿子便仿佛成为其母亲的一个砝码。如果小孩没教育好，夫妻感情又不太好，那位父亲就会想：“夫妻感情不好，还不孝敬公公婆婆，小孩教育又一塌糊涂，我这辈子图个啥呢?”所以，他根本就不想回来。

女同胞必须永远牢记“相夫教子”四个字，这四个字只要是人类存在，就永远不过时。

“相”是辅助的意思，“夫”就是夫君。辅助丈夫，这叫“相夫”。教子，就是想尽办法把小孩培养好。如果手握两张王牌，左手“相夫”，右手“教子”，那你就天下无敌。怕就怕“相夫”一塌糊涂，“教子”也一塌糊涂，那么作为女人，你存在的价值在哪里?

很多女性朋友说，我自己也在挣钱，为什么这个家就是我一个人的责任？一个家庭确实是夫妻俩共同撑起的，但如果丈夫很会挣钱，妻子也很会挣钱，那总得有一个人顾家吧？今天很多家庭搞得一塌糊涂，两个人都只顾着挣钱了，小孩谁来教育？不能交给保姆教育吧？

第四个阶段，老年时期。

男人进入老年以后，身边的老伴对于他来讲很重要。少来夫妻老来伴，老伴在这个时候对于一个老年男人来讲有多重要？两个字——“主人”。我们会发现，男人年纪越大，越不想管鸡毛蒜皮的事情。所以我们仔细观察一下会发现，有文化的老头，其晚年生活多半是一张报纸、一杯茶，优哉游哉，不管其他的事。家里面的人情往来、饮食起居，多半是老太太在忙前忙后。另外，男人的生理机能衰退得比女人快，正常情况下，长寿的人群中，老太太的比例高得多。

年轻的男女谈恋爱，走在大街上，多半是男人走前面，女孩子挽着他的胳膊走后面。老头、老太太不一样，是老太太走前面，老头拄着个拐杖跟在后面。这样的场景比比皆是，因为男人老得比女人快，平均寿命比女人少 2.6 周岁。所以夫妻之间，年轻的时候老公要对老婆好一点，否则晚年她折磨你，让你难受得不得了。很多老太太年轻的时候，因为老公不照顾她，老了以后，她就不照顾老头，这就叫报应。

五 女人要懂得好好说话的力量

女人到底应该怎样修行，去旺夫、旺家族呢？女人修行，应该从“好好说话”开始。很多人，特别是女同胞，为什么一生命运多舛呢？因为说话太难听，没有好好说话。

一部分男人只要看到别人过得比自己好，内心就开始生嗔恨心、嫉妒心、傲慢心，就开始眼红，心就开始变黑。一部分女人一听到别人比自己过得好，嘴巴就管不住了，就开始诽谤别人，说别人的闲话，开始乱讲、瞎讲。女同胞们反思一下自己，你是不是也是这样？如果你以前也是这样，现在就需要进行改正。

有一个成语叫“无事生非”。我们会发现，那些到处惹是生非的人，多半是没事干的人。每天忙得要死的人，哪里有时间去闲扯这些？普通人有时间去闲扯，还不如看看书呢。

我经常跟我的孩子讲："你学习成绩考多少分，自己尽心尽力了就好。但是有一条你必须记住，要学会好好说话。一个会说话的人，未来的人生会多很多机遇。"

两千多年前鬼谷子就讲"口乃心之门户"，老祖宗也经常讲"言为心声"。生命从有口难言开始。刚生下来的小孩子，只会哭、笑、叫，不会表达，这叫有口难言；人快死的时候，心力衰竭，想说却说不出来，也是有口难言。人生就是这样，从有口难言开始，到有口难言结束。在正常情况下，小孩子用10个月就学会了说话，却又要用一辈子学习怎样会说话。会说话，并不代表会好好说话。无数人穷其一生，只能从生理上标志其会说话，不能从艺术上表明其会说话。所以好好说话，是一个亘古不变的话题，也是我们需要不断练习、修行的地方。

从今天开始，你只要把"好好说话"这四个字牢牢记在心头，短则半年，长则三年，你的命运就会发生改变。当夫妻有矛盾的时候，当你火冒三丈的时候，提醒自己要"好好说话"；当小孩成绩考得不好，你很想发脾气的时候，提醒自己要"好好说话"；当别人占你便宜，你忍无可忍的时候，提醒自己要"好好说话"……时间一长，你的命运就会悄然地发生改变，你会发现身边的贵人会越来越多，你的脾气会越来越好，你的福报也会越来越大。在此，我特别推荐中信出版社出版的《好好说话》这本书，相信你读完以后会大有裨益。

今天很多人败就败在没有好好说话。“良言一句三冬暖，恶语伤人六月寒”，有多少人就是因为不会说话，丧失了很多提拔的机会，丧失了很多修行的机会，丧失了很多善缘，贵人就从身边悄悄溜走了。

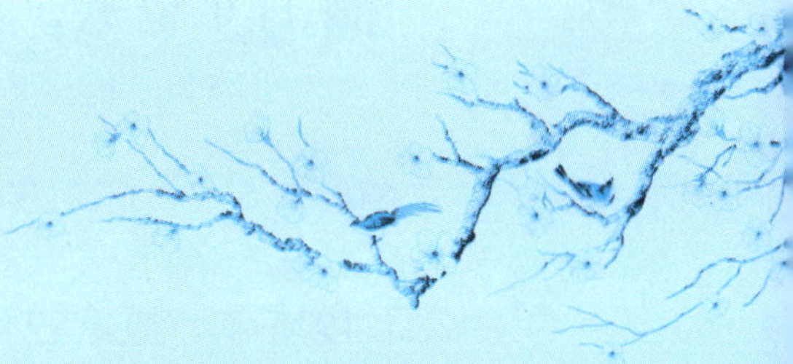

玖

健康篇：名门望族一定是全身心的全面健康成长

一 百年望族，必须要有健康的概念

公元 1925 年，康家已经五世同堂。到今天为止，康家后人中，除了海外和港澳台地区，仅在内地的超过 100 岁的老人就有 20 多位。可见，康家历来对健康都是极为重视的。

现在很多人因受各种疾病的困扰，越来越认识到健康的重要性，十分注意日常饮食的营养均衡，有针对性地改掉不良生活习惯，并且长期坚持运动，希望拥有一个健康的体魄。其实，人们除了要跟身体疾病做抗争外，有时还需要应对来自心理和精神方面疾病的困扰。

一个家族要想成为百年望族，这个家族必须要有健康的理念。提到健康，很多人都认为是身体上的健康，其实不然，一个人的健康可以分为三个层次，即身、心、灵。“身”为身体健康。俗话说“身体是革命的本钱”，有些人为了事业，没日没夜地操劳，忽略了身体健康的重要性，往往还没到退休的年纪，身体却出现了问题。“心”为心灵健康。生活中会遇到各种各样的问题，如何面对问题，如何解决问题，这都需要心灵能量来决定。“灵”指的是信仰，只有信仰正确，人生的道路才不会偏离方向。

1989年，联合国世界卫生组织对“健康”作了新定义：躯体健康、心理健康、社会适应良好和道德健康。一个真正健康的人，不仅要身体上没有疾病，还应具备心理健康、灵魂健康的特性。三者是高度统一、不可分割的整体。由此看来，所谓健康，不能只局限于身体有无疾病的层面，还要达到心理健康、人格健全、灵魂有归宿，也就是要达到我们常说的身心灵合一。

有人说，身体是心灵的镜子，那么，这面镜子就有烛照幽微的作用。需要了解的是，身体健康须从保持有规律的作息时间、平衡膳食营养、加强自身锻炼等方面入手，心理健康须从长期坚持培养个人的爱好、习惯开始，灵魂健康应从释放心灵上起步，而三者都将归结到自我的修行上来。古人奉行修身、齐家、治国、平天下的宏大目标，将修身列在首位，是有一定道理的。

现代为什么很多人有心病？因为没有信仰。精神世界的升华，必须依赖信仰。名门望族的基础就是信仰，一个没有信仰的家族，百分之百做不了百年望族。我研究了全世界许多百年望族，发现信仰是其存在的基础。

我再给大家推荐一本书，国学大师、哲学家、北京大学博士生导师汤一介先生所写的《我们三代人》。这本书里所说的三代人，指的是他自己这一代、他儿子那一代和他孙子那一代。他在这本书里用很长的篇幅描述了他后悔的事情，因为他发现自己孙子那一代人已经是“香蕉人”了——黄皮肤的中国人，内心全都是西方思想，没有中国心了。汤一介先生已经离我们而去，但是他写的这本书告诉我们一个深刻的道理：小孩子不要过早到国外去，否则他是回不来的；即使回来了，回来的也是一个“香蕉人”。所以我奉劝各位，家里的孩子去国外留学，一定要让他装上一颗中国心。

二 健康长寿的五大要素

胡维勤教授被称为“红墙御医”，他说联合国教科文组织做了一个统计，全世界健康的人群和最长寿的人群有五大特征：

第一，良好的心态。

养生要先养心，心出问题了，一切都会出问题。心病还须心药医，最好的心药就是“圣贤经典”。在一次车祸中，一个人的腿被截肢了，但是他一直感觉膝盖在疼。西医认为他腿都没有了，怎么还有膝盖？但是中医知道，因为他的心还在膝盖上，所以会感觉膝盖疼。由此可见，很多人的病根本不是身体上的病，而是无中生有的病。

西方的文化是“分”的文化，东方的文化是“生”的文化，我们讲“生生不息”“大德于生”；西方人把人的身体分为牙科、耳科、眼科、骨科等，而中医一个科就全部搞定了。所以中国文化是整体思维，而不是“分”的思维。

到今天为止，几千年过去了，中间虽然也有亡国的危险，但是我们从来没有四分五裂，到今天依然是一个大一统的国家。西方国家搞了一个欧盟，想要大一统，不承想很多国家开始“脱欧”了。我们是“生”，而不是“分，“一生二”和“一分二”有着很大的区别。

第二，充足的睡眠。

充足的睡眠并不是说睡的时间长，而是要有高质量的深度睡眠。有些人一天睡 12 个小时，照样精神萎靡，因为他的阳气耗掉了。我们现在受西方医学的影响，认为人一天需要至少 7 个小时的睡眠。其实，如果有真正高质量的深度睡眠，一个人一天睡 5 个小时就够了。有些人睡的时间长，但是杂念太多，所以他的睡眠质量并不高。《黄帝内经》中明确提到“久卧伤气”，所以，拥有高质量的睡眠才是我们追求的目标。睡的时间不宜过长，睡得越久，阳气耗得越多。比如我们会发现那些爱睡懒觉的人，越睡越萎靡，因为他耗去的阳气多。

如果大家有机会去康百万庄园，会发现康家人的卧室都比较小。目前全中国最昂贵的床在康百万庄园，是康家的镇园之宝。这张金丝楠木木雕顶子床，是由十个能工巧匠精雕细琢，耗时将近五年才做成的。康家有一个观点：人这一辈子，有三分之一的时间在床上，因此一定要有一张好床。他们特别讲究“先有床，后建房”。我认为康家的这个观点，也值得我们每一位借鉴，因为人睡不好，精气神一定会打折扣。所以，不会休息的人也不会工作。当然，有些人有一张好床也睡不好，那是“心床”出了问题。精神上出了问题，再好的床对他而言也是白搭。所以养生首先应该养心，心想通了，想开了，一切都通了。

失眠是目前困扰全人类的最大的问题之一。一个人睡不好，往往是因为心不安。充足的睡眠，并不是睡很长时间，而是睡眠质量好。有时候，一个小时的深度睡眠，顶别人八个小时的低质量睡眠。我发现很多中学生从学校里面走出来的时候，都是黯淡无光的。本来应该是活力无限，“恰同学少年，风华正茂，书生意气，挥斥方遒”的年龄，却因为打游戏或者学业压力太大，睡眠不好。解决睡眠问题的方法很简单，那就是“精满不思淫”。道家谚语：“精满不思淫，气满不思食，神满不思睡。”让孩子精满、气足、神旺，他的专注力就会好，他就不会胡思乱想。在精气神中，“精”

是最基本的，它维系着我们的精力和健康。精足才会气足，气足才会神足。要做到这些，就要回到毛主席所讲的“文明其精神，野蛮其体魄”。

现在的中学生，患近视眼、肥胖症、心理疾病的比比皆是。体育课上，一些男同学引体向上一个都做不了，立定跳远一米都跳不过，这样的孩子，怎么可能有未来？

所以我建议，大家一定要重视体育锻炼，必要的时候，可以学习武术。令我稍感欣慰的是，现在一些省市的中小学校已经把国术——武术列为必修课程，因为“肉体都战胜不了，怎么可能战胜精神”？比如战争年代，革命者被敌人抓到了，让其透露地下联络站的机密，一般都是对其严刑拷打，进行肉体上的折磨，如果肉体能经受得住，嘴巴就会很严；如果肉体扛不住，精神就会崩溃。今天为什么很多人跳楼自杀？因为精力不充沛。如果身体很好，即使暂时遇到一些困难，有一天还会东山再起。

第三，合理的膳食。

通俗一点讲，就是营养要均衡，不挑食、不过量。康家有一条规矩，叫“不饿不吃饭”。现在我们身上的很多病都是吃出来的，有些病还是营养过剩造成的。

有一部分人认为：想要健康，就一定要吃素。我不反对吃素，但有一句话想跟各位分享："吃素是修行的结果，不是修行的行为。"如果一个人的内心很"荤腥"，吃白菜也是荤；如果一个人内心很素雅、慈悲，吃牛羊肉都是"素"。很多人内心邪恶，还标榜自己要吃素，这是玷污了"吃素"这个词。希特勒还是素食主义者呢，但他却是战争狂魔。

第四，适当的运动。

我建议各位不要在自己的朋友圈里面发表"昨天跑了五公里""今天走了五万步""每天坚持走五万步"之类的话语。你自己想怎么做没关系，但你晒朋友圈，有时候就会不知不觉影响你的朋友，他们也向你学习，那就糟糕了，因为并不是每个人都适合每天跑五公里、走五万步的。个体有差异，有些人的膝盖滑膜根本就不适合这样的运动量。每天走五万步，时间一长，膝盖磨损严重，上厕所都困难了。

任何运动只要一过度，就会有后遗症。很多职业拳击运动员，到 30 岁就退役了，因为他们经常被打到脑震荡以及受到各种身体上的伤害，以致无法再继续下去了。其实，职业运动员的平均寿命是很短的，其中大多数都是运动过量造成的。所以运动不能过度，而要适度。

当下快节奏的生活使人处于一种紧张、焦虑甚至崩溃的状态，如司机疲劳驾驶造成车祸、年轻白领长期加班导致过劳死这类消息不绝于耳。其实，中医很早就认识到人体的疲劳问题，称疲劳为“懈怠”“劳倦”“疲乏”，属“虚劳”“虚损”范畴，认为疲劳是身体虚弱的表现，“有所劳倦，形气衰少”是《黄帝内经》对疲劳症状作出的详细论述。

“五劳”是指五种劳损，即肝、心、脾、肺、肾五个方面的劳损。《黄帝内经》将体力性疲劳归纳为五劳之伤：“久视伤血，久卧伤气，久坐伤肉，久立伤骨，久行伤筋。”

（1）久视伤血。

看东西不要看太久，因为“肝开窍于目”“肝受血而能视”。中医认为行诸外必本于心，所以眼睛的损害并不单纯是眼睛有疾病，比如肝血亏虚，导致双眼得不到营养的供给，就会出现眼干涩、看东西模糊等症状。有些人刷抖音、刷短视频，一看就是两三个小时，时间一长，必然会出现不良反应。

（2）久卧伤气。

我们发现，天天睡懒觉的人，非但没有精气神，连阳气都不足，两眼无神。所以最好在太阳升起来的时候就起床，吸收天地之灵气。天地间有两种灵气，一种来自太阳，一种来自月亮。月亮要晒前，太阳要晒背。晒太阳自不必说，适当地晒太阳可以增加人的免疫力，预防皮肤疾病，提高皮肤的抵抗力，同时能够促进人体的血液循环，调节人体免疫系统，从而使人感到舒适。另外，每月农历十五月圆之夜，如果天气晴朗，你应该搬一把椅子到空旷的地方，晒一晒月亮，这样有助于缓解压力和焦虑，改善睡眠质量。这就是“吸收日月之精华、天地之灵气”。

（3）久坐伤肉。

不要每天早上一到办公室就坐着，除了上厕所、拿外卖，一坐就坐到下班，也不隔一段时间活动一下。如果一直是这样的状况，时间一长，周身气血运行缓慢，肌肉松弛无力，这就是“久坐伤肉”。而动则不衰，运动使气血周流全身，使全身肌肉尤其是四肢肌肉得到锻炼。

（4）久立伤骨。

一个人长时间站立，不仅会使骨骼的运动、屈伸功能产生障碍，出现关节疼痛、变形、骨折，还会造成肾脏的损伤。而肾藏精，精生髓，髓为骨之液，可养骨，故久立会损伤人体骨骼。所以做老师的人，因为职业的原因长时间站立，他的骨头就容易出现问题。建议大家站一会儿，坐一会儿，保持均衡。

（5）久行伤筋。

如果每天跑五公里、走五万步，时间一长，膝关节过度疲劳，而膝为筋之府，便会造成“久行伤筋”。筋（肌腱）的运动消耗的是肝的精气，所以一旦行走太过，不仅伤筋，还易伤肝气。一旦肝脏使用过度，就会出现面黑眼干、口苦、精神不能内守、眼睛变盲等“肝劳”症状。

疲劳是由多种原因引起的，除了“五劳”，中医还将疲劳分为“六极”和“七伤”。其中，“六极”是指六种过度疲劳引起的身体不适，即气极、血极、筋极、骨极、肌极、精极；“七伤”则是忧愁思虑伤心，大怒气逆伤肝，寒冷伤肺，大饱伤脾，强力举重、久坐湿地伤肾，恐惧不节伤志，风雨寒暑伤形。总的来说，“六极”“七伤”均为诸虚百损之症。

可以看出，视、卧、坐、立、行是人们日常生活中最普通的活动，这些活动相互影响，互为协调，对人的影响甚大。如果活动过度，超出人体承受的极限，这些看似普通的活动也会成为健康杀手。

所以，每个人在日常生活和工作中需要注意，不论是劳身还是劳心都要有所节制，不可过度，要注意劳逸结合，调节神经和身心，这才是正确的养生之道。

第五，和谐的人际关系。

人是活在关系当中的。儒家、佛家、道家特别强调两个字——关系。河南嵩山少林寺有一个镇寺之宝，叫“混元三教九流图赞”碑，上面有佛释道三个人物合而为一的形象。这说明儒释道三家是可以和谐共生，有机地融为一体的。

儒家宣扬“君臣父子”、仁义礼智信、温良恭俭让，讲的就是人与人之间的关系；佛家侧重于人与自我的关系，即自己与自己怎么相处，也就是哲学里本我与自我的关系；道家提倡在面对他人的时候，应该放下自我，以更宽广的心胸去接纳他人的存在和观点，遵循“以和为贵”的基本规则，强调的是“和谐”。

在康百万庄园里，康家先祖盖房子的时候，把“如是我”三个字镶嵌在门楣上，这是在告诫子孙后代：不要去学别人，你成不了别人。李嘉诚只有一个，你放心好了，你成不了李嘉诚；你学马云，把马云那套方法放在你自己的公司，没有用，要变成你自己的东西才有用。你就是你自己。

中华传统文化强调“左青龙，右白虎，前朱雀，后玄武”，这是远古星宿崇拜的产物，但这四个神兽融入了五行和方位，在方位辨识、农耕生产、天气预测等方面有着巨大的作用，因而这不是迷信，而是人和自然和谐相处的文化表达。为什么要“宁让青龙高万丈，不让白虎抬头望”？因为人的心脏在左边，所以左边高一点，这样才有安全感。在冷兵器时代，无论中外，绝大多数的人一定是左手拿盾牌，右手拿剑，因为左边的盾牌要保护心脏。

三《黄帝内经》的养生智慧

《黄帝内经》在中国现存的国学经典当中具有独特的地位，它是唯一以圣王命名的医学典籍。《黄帝内经》中只有13个处方，通称“内经十三方”，而且都是极其普通的药方。这是什么原因呢？因为《黄帝内经》不是教人如何治病的，而是教人怎么不生病的（即治未病，不治已病），以防患于未然。所以我建议大家多学习一下《黄帝内经》，让自己不生病。

《黄帝内经·素问·上古天真论》指出："上古之人，其知道者，法于阴阳，和于术数，食饮有节，起居有常，不妄作劳，故能形与神俱，而尽终其天年，度百岁乃去。"这句话的意思是：上古时代，有些明道的人，能够效法阴阳之道，采用各种养生方法保养身体，在饮食上有节制，在作息上有规律，不轻易使身心受到伤害，身体与精神保持和谐一致，所以他们才能够长寿。

地是最大的阴，天是最大的阳，"法于阴阳"就是要顺应天时地利，春夏养阳，秋冬养阴，四季养生要符合春生、夏长、秋收、冬藏的规律。"法于阴阳"，最了不起的四个字就是：子午流注。

子时是当日23时到次日1时，午时是11时至13时。子时和午时都是阴阳交替的时候。从子时到午时，太阳慢慢升起，直到一日的最高点；接着，从午时到子时，完成一昼夜的循环。人们在子时和午时要养成休息的习惯，因为这时天地在转换，人要想跟天地一样"法于阴阳"，就必须天人合一。所以，人得在子时和午时休息，叫作睡子午觉。中午时分，哪怕在办公室里眯上 10 分钟，醒来都会觉得灵台明澈、神清气爽。为什么现在很多人身体不好呢？很大程度上是因为他们在该休息的子时还在泡夜店、吃夜宵甚至通宵玩麻将、打游戏、看直播。长此以往，身体能好得了吗？

接下来，什么时辰该做什么，《黄帝内经》中也有详细的阐述。

子时是当日 23 时至次日 1 时，胆经当令。“当令”即当值、值班之意，代表能量强。子时是胆分泌胆汁，帮助消化脂肪的时间。如果一个人在子时不睡觉，胆就分泌不出胆汁，摄入的脂肪不能消化，体内的毒素便会慢慢地积聚，最后身体就容易出问题。

丑时是早上 1 ~ 3 时，肝经当令。所谓肝胆相照，肝和胆两者是在一起的。肝主生发，在五行中属木。中医认为肝开窍于眼，也会使眼上的眉毛生长旺盛。有的人眉毛很长，俗称“寿眉”，就是阳气壮而长寿的象征。

寅时是凌晨 3 ~ 5 时，肺经当令。肝在丑时把血液更新后，再将新鲜血液提供给肺，通过肺送往全身，“肺朝百脉”。如果小孩子患了感冒，这个时间段往往咳嗽得很厉害。

卯时是凌晨5~7时，大肠经当令，这时要上厕所排便。现在很多人是一边如厕一边看手机，大脑受到干扰，自然排便的力气就使不出来，肠道往下使劲，却有股力往上顶，结果在身体里形成内耗。

辰时是早上7~9时，胃经当令。人在此时间段吃早餐最容易消化，吸收效果也最佳。假如一个人早上选择不吃饭，胃就一直分泌胃酸，时间一长，会加大患上胃溃疡、胃炎、十二指肠炎、胆囊炎等疾病的风险。

巳时是9~11时，脾经当令。“脾主运作且统血”，又“开窍于口，其华在唇”。人在比较激动地说话时，往往一边说，一边用手指指点点，让人联想到“指点江山”，“指点”这个动作就跟脾有关。所以，一个人有没有运筹帷幄的心态和精神，其主导者就是脾经。

午时是11~13时，心经当令。“心主神明，开窍于舌，其华在面。”《封神演义》里的比干丞相有颗七窍玲珑心，能够洞察狐妖媚主，所以古人以“心有七窍”来形容一个人心智通透，很聪明，心事重。《红楼梦》中就有宝玉初见黛玉一段，只觉她“心较比干多一窍”的描述，形容黛玉极为聪明、机灵。近年有人提出林黛玉死于先天性心脏病的说法。心思过于缜密的人，心脏确实容易疲劳。人在午时若能小睡片刻，对养心大有裨益，从下午一直到晚上都精力充沛。

未时是 13～15 时，小肠经当令。未时分清浊，饮水能降火，小肠经在未时对人一天的养分进行调整。如小肠有热感，人会干咳、排气，此时宜多喝水、喝茶，以利于小肠排毒、降火。

申时是 15～17 时，膀胱经当令。这一时间段人的体温较高，阴虚的人最为突出，此时适当地活动，有助于体内津液循环。

酉时是 17～19 时，肾经当令。肾经在手的小指末节螺纹面，这个经穴上有问题的人容易产生饥饿感但没有食欲，以及有面黑、咳嗽带血、气急、恐惧、喜欢躺着等症状。酉时做一些适当的锻炼，补充水分，对身体尤其是老年人的身体颇有裨益。

戌时是 19～21 时，心包经当令。心包经不正常的人，容易心烦、心悸或过度亢奋，嬉笑不止。戌时心包经最旺盛，适当地活动，可铲除心脏周围的外邪，使心脏处于无缺状态。

亥时是21～23时，三焦经当令。三焦经异常，可能会发生耳鸣、耳聋、咽喉肿痛等症状。“亥”字在甲骨文上的书写形式可描述为：上面一点一横代表天地和阴阳；下半部分是一个男人抱着一个女人，这个女人是呈怀孕状的。《说文解字》也有记载：“亥，荄也。十月，微阳起，接盛阴。从二，二，古文上字。一人男，一人女也。从乙，象裹（huái）子咳咳之形。”亥时的生肖对应猪这种家畜，它一来嗜睡，二来繁殖能力强。所以，人们认为最佳的怀孕时间是亥时，即22时前后。

了解了阴阳之道，又该如何将其运用于养生呢？这里介绍几种方法，也可以说是“法门”。人随便在某个地方站立，阴阳便存在，头属阳，腿属阴。那么，走路对于小孩和老人来说，谁相对轻松呢？答案肯定是小孩。什么原因呢？因为在中医理论中，小孩阳气足，阳气是向上升的，相当于有一股力量把他托起来了，走起路来自然很轻快（几乎是蹦蹦跳跳的）；老年人阴气比较重，阴气是向下沉的，走起路来感觉两条腿像灌了铅似的，抬脚都费力，更别说让他连蹦带跳了。在中医看来，如果腿抬起来比较困难，就预示着身体开始走下坡路了。

有三种方法可进行锻炼。

第一种方法：在中午12时之前，利用一堵墙或者一棵树，找到一个合适的距离，双手握紧，往后靠，然后弹起，如此循环地做下去，便会有显著效果。

第二种方法：人站在一个地方，上阳下阴，把手张开，手心为阳，手背为阴，手的拇指为阳，其余四指为阴，把手搓热，将手放于后背，早晚做一做，长此以往，就会阳气十足。肾主精神，肾气足，精神就好，精满、气足、神旺。

第三种方法：两只脚的脚跟并拢，两手虚握成拳状，贴于后背，舌头抵住上颚，牙齿紧闭，然后脚尖踮起，放下脚跟，着地，同时，嘴巴张开把吸进的气缓缓吐出。如此循环多次。

《黄帝内经》还教给我们三种思维模式：

第一，辩证思维。

一个人眼睛不适，一般会认为他的眼睛出了毛病就应该治疗眼睛，但中医认为肝开窍于眼，眼睛不舒服，可能是肝出了问题。这就是辩证思维，即对于某件事，要从不同的角度去思考。

传说有位进京赶考的举子，临考前在客房做了两个梦，一个是梦到自己在墙上种白菜，另一个则是梦到自己在雨天戴着斗笠、打着伞。他醒来后觉得梦境不寻常，仿佛暗示着什么，于是赶紧去找人解梦。

解梦的人直言相告："墙上种菜不是白费劲吗？戴斗笠还打雨伞不是多此一举吗？我看你还是回家吧，没戏，别考了。"这位举子听了很沮丧，魂不守舍地回到客栈，收拾行李准备打道回府。这时，店掌柜问道："你不是还没考吗？怎么就回去了？"举子把自己的梦及找人解梦的事原原本本描述了一遍。店掌柜听完后，对举子说："嗨，这两个梦有另一番解法。墙上种菜是'高中'，戴斗笠、打伞是双层保障啊！"举子听后，定下心来从容应考，不承想考了个探花。

店掌柜运用辩证思维，告诉举子好与坏只是相对的，凡事如果只从坏的方面去考虑，那就全是坏事；如果试着从好的方面去考虑，才会像那个举子一样重新审视自己所面临的抉择，最终取得一个好的结果。

第二，动态思维。

穴位又叫气门，从中医的观念来看，气门是伴随着生命而存在的，当一个人活着的时候，他的气门处于打开状态；当他生理性死亡之后，气门随之关闭。也就是说，穴位是动态的，只有活着的人才会有。这就是动态思维，即一切都应依据实际情况去作判断。

司马光砸缸的故事大家都很熟悉。司马光小的时候和几个同伴玩捉迷藏游戏，其中有一个小伙伴不小心掉到水缸里面了。水缸装满了水，眼看小伙伴就要被淹死了，大家全都呆立当场。就在这危急的时刻，司马光把缸砸破，把水放出来，这样里面的人就得救了。缸里没有掉进人的时候，是一个装水的容器，应该保护它的完整；而当有人掉进去，快要淹死的时候，缸就是一个危险品，必须破坏掉才能使里面的人转危为安。司马光正是运用了这样的动态思维，才将受困的同伴解救出来。

再比如，不同的季节，市场上水果、蔬菜等商品的价格也不尽相同，在考虑这方面的经济问题时需要用动态的眼光去作决策。奥运会射击项目中的飞碟类射击比赛，也需要运用动态思维，眼睛看到目标时，枪口却不能正对着目标，要考虑目标飞行的轨迹，难度大，要求高，那枚冠军奖牌的含金量不言而喻。与动态思维相对的是静态思维，像寓言故事《刻舟求剑》里的那个人，就是因为以静止的眼光看待变化中的事物而闹出了笑话。

第三，全局思维。

一个人如果不懂得用全局思维来看待问题，那么，即使在某个领域颇有成绩，也不能代替其他方面的缺陷。

譬如，人不应该只想着赚钱，还要想着如何锻炼身体、如何教育孩子、如何孝敬父母等，必须对这些问题进行全面的综合考虑。

《三国演义》里有一回叫“刘先主遗诏托孤儿　诸葛亮安居平五路”。故事情节是这样的：先帝新丧，外部势力蠢蠢欲动。作为统一全国先行官的曹魏政权，联合多方割据势力想趁火打劫，蜀汉的决策层得到消息，举国上下惶惶不可终日。就在此危难之际，诸葛亮称病不上朝，连日闭门不出。当然，诸葛丞相并非浪得虚名，他洞悉一切，对敌方的一举一动了如指掌，针对五路大军分别制定了应对之策。最后，他不动声色地解除了笼罩在蜀汉上空的危机。

诸葛亮就是运用了全局思维，显然是将所面临的重重危机当作一种“疾病”，迅速作出反应，进而对症下药，最后达到“药到病除”的效果。

四 心病还须心药医

在物质极大丰富的今天，形形色色的诱惑藏在人们的周围，预设了很多陷阱，以致有人深陷其中不能自拔。久而久之，心病便滋生了。有道是：身病好医，心病难治。

根据《黄帝内经》的分类，人的情绪有“五志”，即怒、喜、思、忧、悲。后来的“七情”是在“五志”的基础上增加了“恐、惊”。这样，两者便统一起来了。“六欲”则是指眼、耳、鼻、舌、身、意的生理需求或愿望。

“七情六欲”本是人的正常情志活动，适当地宣泄有益于身心健康。但是，如果长期情志过激，超过了正常的范围，则会使人体气血紊乱、脏腑阴阳失衡，导致阴阳失调、气血不周，引发各种疾病。具体为：心在志为喜，过喜则伤心；肝在志为怒，过怒则伤肝；脾在志为思，过度思虑则伤脾；肺在志为悲、为忧，悲忧过度则伤肺；肾在志为恐、为惊，惊恐过度则伤肾。现实中也有不少例子，可以说明“五志”失衡对人体的影响。

老百姓经常说一句话：“吓得他屁滚尿流。”为什么人极其害怕的时候，会大小便失禁呢？因为肾是控制二便的，当一个人过度恐惧的时候，他的肾气就散了，肾的固摄功能也就变差了，大小便就会失禁。我们还常常听说某人因为遇到特别大的惊喜，高兴得语无伦次，狂笑不止，以至于精神失常，这正是因为心藏神志，过度的喜悦会使人心气涣散，神志也就跟着涣散了。

很少有人知道我们日常所用的筷子也跟人们的七情六欲有关联。筷子，自古以来就是中国人传统的餐具之一，它是几千年中华文明的结晶。据考古研究发现，早在商朝时期，人们就已经开始使用筷子了。那么，一双看似再普通不过的筷子，究竟隐藏着什么东方哲学呢？

原来，吃饭用的筷子的标准长度是七寸六分，代表了人的七情六欲。筷子，就是提醒人必须控制好自己的七情六欲，方能在天地方圆中得以进食，进得食方能养生。控制七情六欲既是养生的需要，也是做人的基本修养。

筷子还融入了《易经》的阴阳之道。筷子成对出现方能使用。这里面有太极和阴阳的理念：太极是一，阴阳是二，一中含二，二中含一，一就是二，二就是一，方能合二为一。中国人的理想和现实、灵魂与肉体也是合一的。筷子又讲究配合和协调。一根主动，一根从动；一根在上，一根在下，才能夹得住、夹得稳。随着筷子在手指中的把位不同，上下、主从关系又可以不断相互变换，体现着阴阳互动、对立统一的哲理。

另外，筷子一头方、一头圆，一方面利于夹食，另一方面也象征着天圆地方乃自然本相。一双小小的筷子，凸显了中国人为人处世的智慧和哲理，方圆同体合乎乾坤，七情六欲阴阳相济。

佛家以治心为上，《佛遗教经》说："我如良医，知病说药，服与不服，非医咎也。"大致意思是：我相当于良医，而我所宣讲的妙法则相当于知道病的根源的医生所开出的药，但服与不服，就看你自己了。若不服而导致病不能好，那就不是医生的过失了。同理，若不认真依法修行，由此不能获得解脱，那就不能怪授业之人了。

唐永泰元年（公元 765 年），石头希迁和尚（无际大师）曾开出"一帖"《心药方》以济世。这副"药方"是这样的："好肚肠一条。慈悲心一片。温柔半两。道理三分。信行要紧。中直一块。孝顺十分。老实一个。阴德全用。方便不拘多少。吃法：此药用宽心锅内炒，不要焦，不要躁。去火性三分。于平等盆内研碎。三思为末。六波罗蜜为丸，如菩提子大。每日进三服。不拘时候，用和气汤送下。果能依此服之，无病不瘥。切忌言清行浊，利己损人，暗中箭，肚中毒，笑里刀，两头蛇，平地起风波。以上七件，速须戒之。"

可以说，这是大师明心证道以后，应世利生常用的方法。在治疗心病之前，往往先要进行一番诊治，说白了就是查病根。利用顺藤摸瓜的手段来找到病源，医生方能对症下药，做到有的放矢。

《西游记》中写道，在唐僧师徒西行途中，曾路过朱紫国。朱紫国的国王郁郁寡欢，病体沉重，宫中医官全都束手无策，只好向民间张榜求医。唐僧师徒揭榜，又给国王悬丝诊脉，开方熬药，但这一切不过是孙悟空的障眼法而已。从国王以及侍臣的口中知晓了国王得心病的来龙去脉后，就该拿出捉妖的看家本领了。从这一点来看，孙悟空不愧是医治心病的高手。

医生能帮助病人保持一个健康的体魄，这当然很重要，但身体上的疾病和残缺并不是最可怕的，如果心灵上的缺陷得不到修补，将会给人生带来巨大的隐患。

说到这里，就不得不提到鬼谷子和他的两个徒弟的故事。鬼谷子是战国时期的纵横家、军事家、谋略家，他有很多门生，都在各国担任重要的职务。其中有两个门生专门研习兵法，很有建树，这两个门生一个叫庞涓，一个叫孙膑。庞涓和孙膑学成后，也想到诸侯那里去一展身手。庞涓先去了魏国，受到重用。但是，庞涓人格有缺陷，心胸狭隘。他想到孙膑比他更有才能，为了防备孙膑将来与自己为敌，就把孙膑骗到了魏国，捏造罪名，对孙膑施以膑刑，也就是砍掉了孙膑的双脚。庞涓认为，把孙膑变成了身体残缺的人，就可以彻底废了他。然而，孙膑并没有就此绝望，他想方设法逃离了魏国，来到齐国，当上了齐王的军师。后来，孙膑与庞涓在战场相遇，孙膑略施小计，就把庞涓打败了。最后，庞涓终于明白自己败给了孙膑，不得已而自杀了。

庞涓和孙膑都是鬼谷子的学生，同时学习兵法，本应共同走上光明大道，但庞涓的灵魂过于阴暗，嫉妒心太强，存在严重的人格缺陷，最后自取灭亡。而孙膑，尽管遭受酷刑，失去了健全的身体，但他的灵魂是正直的、强大的，所以自救成功，成了最后的赢家。

千百年来这个故事一直在警醒着人们，害人之心不可有；也在激励着人们，只要不放弃希望，绝处也可逢生。

拾

行善篇：无条件行善积德让家族传承百年

一 积善之家，必有余庆

《易经》里有一句：“积善之家，必有余庆；积不善之家，必有余殃。”千百年来，这句话明确地告诉人们，经常行善积德的人家，必定有吉祥喜庆的事降临，而且不止一次两次地降临；作恶多端、善行不修的人家，必定有灾难、祸患发生，而且是持续不断地发生。明代大儒方孝孺在《柱铭》中写道：“交善人者道德成，存善心者家里宁，为善事者子孙兴。”意思是说，交良朋益友，积善积德，有助于自己的品德养成；心存善良的人能使家庭和睦安宁；做好事会使子孙兴旺。行善如春园之草，不见其长，日有所增；行恶如磨刀之石，不见其损，日有所亏。

俗话说，福地福人居，福人居福地。人怎样才能得福报、居福地、享其福呢？答案就是：积善。究其原因，积善的真实内涵是：道德传家可以世代延续。“天道无亲，常与善人”这句话的意思是大公无私的上天，不会因谁和自己亲近就特别照顾，也不会因谁跟自己疏远就将其晾到一边，而是以良好的一面对待所有人。简而言之就是：上天不偏向任何人，只要是行善事、做好人，都可以得到上天的“福佑”。

要想成为百年望族，必须无条件地行善积德。任何一个家族或个人，只要行善积德，那么必将有许多好的事情发生；不积德行善的家族，必将发生倒霉的事情。有因必有果，如果想成为百年望族，那么必须积德行善，为子孙后代种福音。

《易经》为何千百年来一直代代相传，并且到今天依然具有重要的指导意义？因为《易经》讲的不只是知识（如果讲的只是知识，那早就过时了），而是讲宇宙的大道与规律，所以能流传至今。过去有生老病死，今天依然有生老病死，未来照样有生老病死；过去有花开花落，今天有花开花落，未来仍然还会有花开花落；过去有君子和小人，今天照样有君子和小人，未来仍然有君子和小人。这是世间的基本规律。

如果你学《易经》，就会发现怎样做是吉，怎样做是凶；怎样做能“利见大人”；怎样做会“利涉大川”，趋吉避凶。《易经》一般不把话讲绝对，每一个结论都有其条件。但是，有两句话讲得非常绝对，而且是铁口直断，那就是：“积善之家，必有余庆；积不善之家，必有余殃。”这里面有三个字用得非常玄妙，第一个字是“必”，第二个字是“余”，第三个字是“积”。“必”是必定的意思，“余”是祖先积德的留余，“积”是积累、积聚的意思。

“勿以善小而不为，勿以恶小而为之”出自《三国志·蜀书·先主传》，是刘备以遗诏的形式用来警策后主刘禅的。很多时候，一个微笑、一句问候就能给需要帮助的陌生人无限温暖，进而有可能阻止他因遭遇困境而做出不理智的行为，这就是善的力量。相反地，那些诸如闯红灯、乱丢垃圾、地铁霸座等当时认为无关痛痒的种种恶行，就像堤坝上小小的蚁穴，经过日积月累，总有一天可以毁掉一座千里之堤，这就是恶的后果。

二 人生必先行善积德

有道是："积金以遗子孙，子孙未必能守；积书以遗子孙，子孙未必能读；不如积阴德于冥冥之中，以为子孙长久之计。"从这句话可以看出，物质上的金钱和书籍都不是传诸后世的最佳宝贝，一个家族绵延不绝、繁荣昌盛的根本，是广积"阴德"。何谓"阴德"？就是暗中所行的善事和功德，换句话说，"做好事不图名、不图利"就是积阴德。积德行善看似无形无质且不可捉摸，实则通过长辈的言传身教，已融入每个家族成员的一言一行中。自古以来，中国人就有扶危济困、乐善好施的文化传统。在中国的传统文化典籍中，最初是用"慈"来代表爱的。孔颖达疏《左传》有云："慈谓爱之深也。"许慎《说文解字》解释道："慈，爱也。"尤指长辈对晚辈的关爱，即所谓的"上爱下曰慈"。《国语》中"老其老，慈其幼，长其孤"的"慈"即是此意。慈，亦可用作子女对父母的孝敬供养，如《礼记·内则》所云“昧爽而朝，慈以旨甘”。

“善”的本义是吉祥、美好，即《说文解字》中所解释的“善，吉也”。善也表示和善、亲善、友好，如《管子·心术下》所说“善气迎人，亲如弟兄；恶气迎人，害于戈兵”，即是此意。“慈善”二字合用，则有仁慈、善良、富于同情心的含义。如南北朝时期，《魏书·崔光传》说崔光“宽和慈善，不忤于物，进退沉浮，自得而已”，有人将此视作慈善事业的最早萌发。与此相得益彰的是，中国的慈善思想源远流长，先秦时期的诸子百家对此有过精辟的阐述：“故人不独亲其亲，不独子其子。使老有所终，壮有所用，幼有所长，鳏、寡、孤、独、废疾者皆有所养。”“不忍人之心，斯有不忍人之政矣……恻隐之心，仁之端也。”“有力者疾以助人，有财者勉以分人，有道者劝以教人。若此，则饥者得食，寒者得衣，乱者得治。”这些思想对中国古代的慈善事业产生了重要影响。有学者研究认为，中国古代的慈善活动早已存在，但慈善组织的发展大致经历了三个历史阶段。

第一个阶段：寺院施与形态。起于魏晋南北朝时期，主要代表是佛教寺院中的慈善组织。

第二个阶段：家族事业形态。兴于宋朝，主要代表是义庄。

第三个阶段：民间组织形态。比如明末的善会就是一种慈善组织。

考古发掘证明，早在原始社会，人们就拥有了在民族内对所有成员一视同仁、绝对公平的平等思想。春秋战国时期，善良的人大多以个人为主体，以赈济为手段，在路上设食物救济饥民。这些早期救助，属于临时行为，并未形成一种长效机制。这种情况一直持续到魏晋南北朝时期佛教传入之前。

魏晋南北朝是中国政权更替频繁的时期，这一时期的帝王们因受儒家仁义学说和佛教慈悲观念的影响，在赈贫恤患方面屡有表现。随着南北朝佛教的盛行，逐渐形成以相同信仰为联系的集合结社，称为社邑。基于佛教的共同信仰，社邑团体的成员在僧人的指导下，共同从事佛教活动，如写经、刻经、诵经、开石窟、造佛像、修佛塔等，同时，也从事修桥铺路、济贫赈灾等慈善事业。其中，南朝萧梁时期还出现了中国历史上已知最早的官方慈善机构——孤独园。隋唐时期国力强盛，给社会慈善活动的发展带来了良好契机。在唐代前期，政府组织的慈善机构“义仓”得到了长足的发展。

据《鸡肋编》（卷下）记载，从唐太宗大兴义仓开始，到唐玄宗天宝八年（749 年），“天下义仓共六千三百八十七万七千六百余石”，所储存的粮食量约占全国总藏谷量的 40%。这一时期，佛教寺院也开始在院内建立起拥有固定场所、固定功能的慈善机构——“悲田养病坊”，这是完全意义上的民间慈善机构。

到了宋代，“义庄”的出现成了慈善组织发展史上具有里程碑意义的事件。义庄是一种家族事业，在宋仁宗皇祐二年（1050 年），由宰臣范仲淹创立，其主要作用是救济族中贫困无告之人，为本族贫寒子弟设立义学，对于遇有天灾人祸或者婚丧嫁娶等大事的人实施临时救助。其后，范氏义庄受到了其他家族的认可和效仿。义庄的出现，体现了中国传统的宗族观念的现实影响，表达了儒家“达则兼济天下”的理想。

明清时期，以政府为主体兴办的慈善救济机构有“养济院”，但受到官僚体制及政府财力兴衰的影响，十分腐败和低效，经营陷入困境。因此，在江南富庶地区、民间资本发育较好的州县，民间力量兴办的善会、善堂崛起，并形成民办、官助、官督的慈善形态。最早出现的同善会，是杨东明于万历十八年（1590 年）在河南虞城建立的。同善会（筹募善款和其他救助）、会馆（救济同乡）、族田义庄（救助族人）等社会组织的大量涌现，是当时民间慈善组织发展的结果。至此，中国古代慈善组织的发展达到了巅峰。

在这漫长的中国古代慈善历史长河中，涌现出许多的代表人物，他们的善举和义行，直到今天仍令我们生发出无限敬仰之情。

春秋战国时期有一位著名的慈善家范蠡，又叫陶朱公，他三掷千金，又三散其财，历史上称赞他是一位“富君子，好行其德”的大慈善家。东汉光武帝的外祖父樊重，曾经借贷给贫困人家达数百万之巨，到还债的时候就将这些人的借债文契全都削劈焚毁，使那些借贷人十分感动。他家里有不少“池鱼牧畜”，凡有求鱼及牲畜者，有求必应。北魏时有良吏闫庆胤，任东泰州敷城太守，正遇荒年，闫庆胤拿出自家千余石粟米“赈恤贫穷”，多个困难家庭因此得救。隋朝循吏公孙景茂，在灭陈途中，许多兵士因不服水土而患病，他便用自己的薪俸为这些生病的兵士求医、煮粥、熬药，因他的救助而活下来的人有千余众。

康百万家族兴盛四百余年、富裕十三代的一个原因，就是不断做善事。比如修建堤坝、治理黄河，为赈灾设立粥棚，救济乡里，挽救乡民于危难之时。每个困难时期，都有康家人的身影。比如康家第十四代先祖康应魁在他七十五岁的寿诞之上，一把火把乡亲父老的欠条和账目全部烧掉。

这样的慈善人士，在历史的长河中不胜枚举。

三 不忘祖先，是家族兴旺的重要密码

纵观古今，很多家族之所以人才辈出，经久不衰，无一不是做了大善事，积累了大福报，换来了后辈们的美好生活。这就跟人们常说的祖上积德联系在一起。实际上，行善之人内心豁达、安宁，具有良好的人际关系，得道多助，所以能获得人们的尊重和帮助，仿佛有了福报。一个家族的祖

辈就像一棵百年古树的根，根吸收的养分多，才能长出茂盛的枝叶，结出累累硕果，祖先行善积德的福德就好比树根的水和养分。须知，我们每个人都会有当上长辈的时候，尽早行善劝善，为子孙后代积累福报，才是给他们的最好礼物。要想成为有福之人，就要坚持不懈地去行善积德。

假设你现在做了很多善事，现在很成功，日子过得挺美，请问这算不算“积善之家，必有余庆”？其实不是的。你现在的状态，是因为你祖上积德，这个才叫“余庆”；你做的好事，要到你的下一代才有回报，这叫“余庆”。今天一个人日子过得挺美好，首先第一件事情，是要发自内心地感谢祖上积德，这叫不忘祖先。要记好三句话：谢天谢地放在第一，不忘祖先放在第二，敬畏圣贤放在第三。

一个人如果忘记了祖宗的功德，死了以后，他的孩子也会把他忘得干干净净。所以做父母的，永远要在自己的儿女面前多讲“祖上积德”，因为这也是会传承下去的，儿女也会天天讲“祖上积德”，这样的家族才更有希望和未来。今天很多家长教育孩子的方式是：爸爸今天能这么成功，是我个人努力拼搏、勤奋的结果。我相信如果你也这样教育孩子，有一天，你的孩子很成功了，他也会说：“我成功，跟我爸一毛钱关系都没有，是我自己努力才成功的。”感恩祖宗的功德不是迷信，而是传承，是教育。

要保证一棵树枝繁叶茂、硕果累累的第一个前提条件，必须是要有根。如果没有根，那这棵树就无法硕果累累。想象一下，把自己的人生比喻成一棵树，今天你有房、有车、有儿、有女，身体很健康，是不是像树一样枝繁叶茂、硕果累累？那么，什么是你的人生之树的根呢？我们常说“寻根问祖”，你的祖宗就是你的根。因为你的祖上积德，给你输送了营养，所以让你枝繁叶茂、硕果累累。大自然的树，是因为根给它输送营养，所以它才会枝繁叶茂、硕果累累。同时，树要产生光合作用，要给下面的根回流营养，否则根烂掉了，整个树也就枯萎倒地了。那现在你的祖宗已经给你积德了，你有没有给你的祖宗回流营养呢？

应该怎么给祖宗回流营养呢？在两千多年前，老子的《道德经》里讲得很清楚：“善建者不拔，善抱者不脱，子孙以祭祀不辍。修之于身，其德乃真；修之于家，其德乃余；修之于乡，其德乃长；修之于邦，其德乃丰；修之于天下，其德乃普。”老子告诉我们，有一件事情永远不能停下来，这件事情就是祭祀。祭祀，就是给祖宗回流营养的方式之一。那我现在问你，你懂得祭祀吗？祭祀的第一件事情，就是要写祭文，你会写祭文吗？祭祀还要写表文，你会写表文吗？

《左传》说“国之大事，在祀与戎”，对于国家而言，凝心聚力，富民强国，保障百姓安居乐业，让老百姓过上幸福生活是其重要职能。《左传》将国家的核心职能总结为两个：祀、戎。纵观人类历史，是“祀、戎”相见的历史。祭天、祭地、祭祖先，封禅大典、开国大典，这是“祀”的范畴。每一年清明节，我们都要祭祀轩辕黄帝。陕西宣读祭文的一般是陕西省副省长。每年农历三月三，轩辕黄帝过生日，读祭文的人最低级别也是河南新郑市市长。那么，你们家族搞重要的祭祀活动，有写祭文吗？谁来宣读祭文？没写祭文，没有这样的仪式，那只能叫“敷衍了事”。

“君子之泽，五世而斩”，假设你祖上做了很多好事，积了很多德，那个余庆只能传到第五代，到第六代就会消失。你要想继续有好日子过，还必须捧过那根接力棒，继续积德。余庆如果永远不消失的话，皇帝的后代就永远是皇帝了。我们知道有一个词叫“五服”，本来指的是五种孝服，后来，“五服”也指五辈人。因为在中国古代，一个人死了，参加他葬礼的人所穿着的孝服有五种。穿什么孝服，代表这个人跟死者是什么样的关系。古代祭祀时所穿的礼服，根据地位高低，分为天子、诸侯、卿、大夫、士五个等级的服装样式。同样，在葬礼上为死者所穿戴的孝服，根据亲属关系的远近，分为斩衰、齐衰、大功、小功、缌麻五种。现在很多农村还保留着这样的习俗，死者的不同后代，穿着的孝服要用不同颜色来表示。

我们应该修族谱。如果你现在找不到族谱了，那你先干一件事情，就是从你这里开始，修好五代族谱就可以了，即从你爷爷开始，你爷爷、你父亲、你这一代、你的儿子、你的孙子共五代。随后，你的孙子再接过你的接力棒。

有人问我：女人能不能祭祖？我在这里明确回复：可以。我要强调一下，女人不但能祭祖，而且女人还可以进宗祠、立牌位，前提条件是这个女人对家族有重要贡献。安徽黄山西递宏村有一个汪氏宗祠，里面有一个大大的画像，就是汪家的一个女人。这个女人为汪氏家族做出了不可磨灭的贡献，所以她的牌位就供奉在汪氏宗祠里受子孙后代朝拜。所以你不要认为女人不能祭祖，不要认为女人不能进宗祠、不能立牌位，关键是看她对这个家族的贡献有多大。

后　记

一个家族要想成为百年望族，有六大基因需要传承：一是事业；二是良好的家道家风；三是精神传承；四是有智慧的女人；五是无条件地行善积德；六是健康。

要想成为百年望族，有两件事情很重要：第一，要明心；第二，要明道。

第一，明心。

“明心”通常指的是明白自己的内心，洞察自我的真实想法和感受。要想明心，首先要搞懂“大圆镜智”。比如有一面镜子放在你面前，里面会出现你的形象；把镜子拿开，镜子里就没有你的形象了。现在把镜子放在花的前面，里面就出现了花的形象；把镜子拿开，里面也就没有了花的形象。所以镜子可以做到什么都没有，也可以什么都有。那我们的心，能不能做到什么都没有，什么都有呢？

今天很多人做不到明心，是因为心里装的东西太多了，感觉什么都有，但最后却什么都没有。要是把心变得什么都没有，到最后就什么都有，求财就能得财，求利就能得利，求名就能得名。你今天求财得不到财，求利得不到利，就是因为你有太多的东西往心里放——贪嗔痴慢疑，“五毒”俱全，要把这些东西抛弃掉。有时候不是要得到什么，而是要失去什么才是正确的选择。就像一台电脑，为什么老是死机？因为里面有太多的垃圾需要清除。今天很多人不是因为“没有”，而是因为拥有的太多，没有扔掉一些负累，所以就没有办法“洗心革面”。

那怎样才能明心呢？最好的方法，就是对生命进行深入的思考，因为“静能生慧”。战术上的忙碌，会掩盖战略上的荒芜。每天忙得要命，那你想过死了以后你的形象挂哪里，会被多少人挂，挂多长时间吗？这才是战略。因为你太忙，所以你没有时间进行思考；因为你没有思考，所以你稀里糊涂走到了今天。为什么你的人生跨不过那一座山？不是这座山有多高，而是因为“我知道”。你好像什么东西都知道，但你做到了没有？为什么你对自己的人生不满意，就是因为“我知道”。什么都知道，就什么都做不到；什么都知道，都是“你知道”，而不是真正的知道，不是“大道”。

我建议大家每一年要抽出几天时间去游山玩水，静一静。这样的好处，没法用语言表达出来，因为“如人饮水，冷暖自知”，只有你自己去了才知道。每隔一段时间，就要把自己的心“修一修”，不能每天都忙忙碌碌的。不要战略不清晰、战术很繁杂，最后发现，好不容易爬到上面，梯子却搭错了。

我建议大家要“谋定而后动”，当方向不明确的时候，原地踏步就是进步。在不知道往哪个方向去的时候，那就哪里都不去，韬光养晦，原地踏步练内功，不瞎折腾。康家的贸易经里面提到“贸易之道，勤俭为先”。“勤俭”不能肤浅地认为是勤俭节约，而是该花的一分不省，不该花的一分不花。

虚云长老一辈子修了无数的道场，他在修这些道场的时候，喜欢把地基打得特别深。当时我的师父绍云法师只有十几岁，就不解地问他：“师父，你为何把地基打得这么深呢?”虚云长老回答说：“地面上的东西，也许三五十年后就没有了，但是，地下的东西过了几百年都还会在。上面没有了，但下面地基还在，后人还会盖起来的。”他的意思是要把功夫放在别人看不到的地方。

第二，明道。

“明道”指的是领悟世间的真理和正道。

当年我的老师告诉我，好东西一定会放到最后才给到你，因为不能坚持到最后的人，他不配拥有这个好东西。

一个能够明心、明道的人，才有可能为家族的长远发展指引方向，塑造良好的家风家训，使家族有可能成为百年望族。